Traktoren

Vom Dieselross zum Großschlepper

Traktoren

Vom Dieselross zum Großschlepper

NEUER
KAISER
VERLAG

Inhalt

Einführung 6

Technische Beschreibung 23

Hinweise zur Benutzung des Nachschlageteils 25

Die Firmen und ihre Modelle 26

- Case 28
- Challenger 34
- Claas 39
- Deutz-Fahr 46
- Ecopard 57
- Fendt 60
- Hürlimann 67
- Jinma 73
- John Deere 76
- Kubota 87
- Lamborghini 92
- Landini 96
- Lindner 103
- Massey-Ferguson 107
- McCormick 116
- New Holland 122
- SAME 131
- Steyr 138
- Valtra 146
- Zetor 153

Ausgewählte Oldtimer und ihre Geschichte . . . 158

- Einführung . . . 160
- Bautz . . . 164
- Bollinder-Munktell . . . 166
- Deutz . . . 168
- Fahr . . . 171
- Fendt . . . 172
- Fiat . . . 174
- Fordson . . . 178
- Güldner . . . 181
- Hanomag . . . 182
- Hela . . . 184
- Hofherr & Schrantz . . . 186
- Hürlimann . . . 188
- Jess . . . 189
- Kramer . . . 190
- Landini . . . 191
- Lanz . . . 193
- Lindner . . . 195
- MAN . . . 197
- Massey-Ferguson . . . 198
- Normag . . . 201
- Porsche . . . 203
- Renault . . . 205
- Steyr . . . 207
- Valmet . . . 210
- Volvo . . . 212
- Warchalowski . . . 214

Anhang . . . 217

- Glossar . . . 218
- Register . . . 221

Einführung

Kaum eine Maschine hat die Landwirtschaft und damit auch die Versorgung der Menschheit so sehr geprägt wie der Traktor. In seiner relativ kurzen Geschichte hat dieses beliebte Nutzfahrzeug eine fast unglaubliche Entwicklung vom Dampfbetrieb bis zur Hightech-Maschine durchgemacht und ist heute aus der modernen Landwirtschaft nicht mehr wegzudenken. Dieses Buch wird Sie durch über zwei Jahrhunderte faszinierenden technischen Fortschritts begleiten.

Von den Anfängen bis zum Jahr 1945

Wolfgang Unterlercher

Die Revolution in der Landwirtschaft

Tausende von Jahren hatte es in der Landwirtschaft kaum einen Fortschritt gegeben. Der Bauer produzierte so viel, wie es seine Herrschaft und sein Gesinde erforderten und war dabei auf seine eigene Kraft oder die seiner Nutztiere angewiesen (also auf wirkliche Pferdestärken). Erst im 18. Jahrhundert, als der technische Fortschritt langsam begann und zudem die Bevölkerung immer mehr anwuchs, begann auch in der Landwirtschaft eine rasante Weiterentwicklung. Es war vor allem die Erfindung der Dampfmaschine, die auch die Landwirtschaft revolutionierte. Im Jahr 1784 hatte der Schotte James Watt (1736–1819) seine Dampfmaschine so weit perfektioniert, dass sie nun universell einsetzbar wurde, vor allem zum Antrieb von Wasserpumpen, dann in der Schiffsindustrie und schließlich bei den Lokomotiven der Eisenbahn. Bereits im Jahr 1811 wurde eine selbstfahrende Dampfmaschine (das sogenannte Lokomobil) in Großbritannien erstmals in der Landwirtschaft eingesetzt. Sie diente vor allem zum Antrieb von Getreidemühlen und Dreschmaschinen, konnte sich jedoch anfangs nicht durchsetzen. Das lag vor allem am enormen Preis und der Unzuverlässigkeit, wodurch die Landwirte lieber auf die bewährten Pferde und Ochsen, also auf natürliche Pferdestärken, zurückgriffen. Lediglich in Nordamerika mit seinen riesigen Ackerflächen erwiesen sich diese bis zu 150 PS/110 kW bestückten und bis zu 20 t schweren Maschinen als sinnvoll und wirtschaftlich. So kommt es auch nicht von ungefähr, dass sich die Entwicklung des Traktors vor allem in Amerika abspielte. Erst um 1830 änderten sich langsam die Meinungen, was auch an den verbesserten wirtschaftlichen Voraussetzungen lag. Anfangs wurden Pflüge durch zwei am Feldrand gegenüber aufgestellte Dampfmaschinen hin- und hergezogen, wobei jedoch der Kohle- und Wasserverbrauch geradezu gigantisch war (400 kg Kohle pro Tag und ca. 1200 l Wasser pro Stunde!). Die Landwirte wollten hingegen natürlich eine Maschine, welche handlich war, stark genug, um die Arbeit zu erledigen, und trotzdem leicht genug, um sich noch lenken zu lassen. Es sollte noch viele Jahre dauern, bis das möglich war. Eine Zwischenstufe war der ab 1853 verwendete „Kultivator" mit einer rotierenden Walze, an die Stahlstifte angebracht wurden. Er musste zwar von Pferden zum Arbeitsort gezogen werden, bewegte sich dann aber selbstständig vorwärts.

Erst mit der Erfindung des Verbrennungsmotors tat sich dann Entscheidendes: 1876 erfand Nikolaus August Otto den Viertakt-Benzinmotor, fast zeitgleich

Innerhalb von rund 100 Jahren ist in der Landtechnik eine unglaubliche Entwicklung geschehen. Der erste Traktor des schwedischen Traktorpioniers Munktell aus dem Jahr 1913.

auch Gottlieb Daimler und schließlich 1897 Rudolf Diesel den Dieselmotor, der heute in allen Traktoren verwendet wird. Bereits 1889 begann man damit, Verbrennungsmotoren auf Dampfschlepper-Fahrgestelle zu setzen und es entstanden weltweit Unternehmen, die sich mit der technischen Weiterentwicklung der Landwirtschaft beschäftigten. Die Vorläufer der Traktoren waren jedoch noch dampfbetrieben und erinnerten eher an Lokomotiven ohne Schienen. Um 1890 arbeiteten bereits mehrere Firmen an der Entwicklung eines Schleppers, der statt mit Dampf mit dem neuen Ottomotor laufen und damit auch viel leichter und beweglicher sein sollte. Als Pionier auf diesem Gebiet gilt John Charter, der 1889 in Illinois einen Traktor entwickelte, von dem allerdings nur sehr wenige Exemplare hergestellt wurden. Im Jahr 1892 konstruierte dann ein amerikanischer Schmied namens John Froehlich den ersten Traktor, der Petroleum als Brennstoff verwendete, und benutzte ihn, um Dreschmaschinen anzutreiben. Ebenfalls im Jahr 1892 begannen die Gebrüder Dissinger mit der Schlepperherstellung. Allgemein gilt das Jahr 1902 als das Geburtsjahr der Schlepperindustrie, denn in diesem Jahr startete das erste Unternehmen, das sich ausschließlich auf die Schlepperherstellung spezialisierte: „Hart-Parr" aus Iowa.

Die ersten Traktoren waren extrem schwer und zerstörten damit den Boden, weil er zu fest komprimiert wurde. Eine interessante Erfindung war jene des Amerikaners John Holt, der 1904 einen Traktor konstruierte, der anstelle der Räder Gurte hatte. Die Raupenbeine, auf Englisch „caterpillar tracks", führten dann zum berühmten Unternehmen.

Die Steuerzentrale eines modernen Massey-Ferguson-Traktors

Während die deutsche Firma Deutz im Jahr 1907 eine Pfluglokomotive mit Verbrennungsmotor präsentierte, die beachtliche 20 l Benzin pro Pflugstunde verbrauchte, war es fast zeitgleich der Amerikaner Henry Ford, der den Traktoren zum Durchbruch verhalf. Er hatte bereits durch die Herstellung auf Fließbändern Autos für jedermann erschwinglich gemacht und 1907 konstruierte ein Ford-Ingenieur einen Traktor, der jedoch erst 10 Jahre später in Massenproduktion hergestellt werden konnte. Der sogenannte „Fordson"-Traktor wurde später millionenfach in den USA und auch in Europa verkauft. Für seinen Kleinschlepper verwendete Ford anfangs das Vorderteil eines Autos und hinten die Räder eines Bindemähers. 1917 war das erste Massenprodukt der Traktorgeschichte dann mit einem Vergasermotor (18 PS bzw. 13 kW) und drei Gängen mit Rückwärtsgang versehen. Bereits im Jahr 1920 konnte Henry Ford stolz verkünden, dass er 100 000 von seinen Schleppern verkauft hatte, wobei er langsam auch den deutschen Markt eroberte. Die geniale Erfindung, die nun immer preiswerter wurde und durch die Riemenscheibe auch als Stationärmotor verwendet werden konnte, war quasi die Geburtsstunde des modernen Traktors.

Der Schlepperbau in den USA wuchs übrigens unglaublich schnell: 1909 wurden 2000 Traktoren hergestellt, 1912 waren es bereits 12 000. Der Schlepperbestand stieg von 1000 Stück im Jahr 1910 auf 17 000 nur vier Jahre später an. 1918 waren dann schließlich bereits 85 000 Traktoren im Einsatz, die immer mehr Beschäftigte in der Landwirtschaft und natürlich auch eine riesige Zahl an Zugtieren überflüssig machten!

Die Entwicklung in den USA

Es gibt einige sehr logische Gründe, warum sich die rasante Entwicklung und Ausbreitung des Traktors hauptsächlich in den USA abspielte und nicht in Europa: Das Land war noch sehr dünn besiedelt und es gab riesige Nutzflächen, jedoch zu wenige Landarbeiter. So konnten die landwirtschaftlichen Flächen nur mit technischen Hilfsmitteln effektiv bewirtschaftet werden. Es wurde daher schon sehr früh viel Energie in die technische Verbesserung der Arbeitsgeräte investiert. Aber auch die reichen Bodenschätze kamen der Entwicklung sehr entgegen: Da es enorme Erdölvorkommen gab, fiel bei der Petroleum- und Leuchtölherstellung als Abfallprodukt Benzin an, das entsprechend billig war. Dies begünstigte den bereits sehr frühen Einsatz von Verbrennungsmotoren in der Landwirtschaft. Dennoch wäre es ohne die Kreativität und Risikobereitschaft einiger bemerkenswerter Männer nicht möglich gewesen, dass die Entwicklung des Traktors dermaßen schnell vor sich ging.

John Deere – ein Pionier der Traktorgeschichte

John Deere ist heute zweifellos einer der berühmtesten Namen in der Traktorindustrie, der mit dem sehr erfolgreichen, ersten selbstreinigenden Stahlpflug der Welt praktisch den Grundstein legte. John Deere wurde am 7. Februar 1804 in Rutland, Vermont, geboren, begann 1825 seine Laufbahn als Schmiedegeselle und erlangte bald einen sehr guten Ruf wegen seiner sorgfältigen Arbeit und Kreativität. Mitte der 1830er-Jahre schloss er sich den Pionieren an und ließ sich schließlich im Dorf Grand Detour in Illinois nieder, wo er als Schmied sehr rasch Fuß fasste. Dort baute er eine Schmiede und wurde auch bald auf ein Problem aufmerksam: Der fruchtbare Boden des mittleren Westens haftete an der Unterseite des Pfluges an und alle paar Schritte musste die Erde vom Pflug gekratzt werden. Daher war das Pflügen eine langsame und sehr mühselige Arbeit. John Deere löste das Problem, indem er einen Pflug konstruierte, der sich durch ein zweckmäßig geformtes Streichblech selbst reinigte. Im Jahr 1837 fertigte er unter Verwendung des Stahls eines zerbrochenen Sägeblatts einen solchen Pflug an und testete ihn auch gleich erfolgreich.

Deere war der Erste, der einen Vorrat an Pflügen produzierte und einen besonderen Walzstahl aus England importierte. Im Jahr 1848 eröffnete er eine Fabrik in Moline, Illinois, um dort die Wasserkraft nutzen zu können.

Schon bald produzierte John Deere jährlich 1000 Pflüge und legte dabei großen Wert auf strenge Qualitätsnormen. 1868 wurde Deeres Unternehmen unter dem Namen Deere & Company als Kapitalgesellschaft eingetragen und ein Jahr später wurde John Deeres Sohn Charles, der ihm später als Präsident nachfolgen sollte, zum Vizepräsidenten und Schatzmeister gewählt. Charles Deere war ein hervorragender Geschäftsmann, der zahlreiche sogenannte Verkaufshäuser errichtete, um das Netz unabhängiger Einzelhändler zu versorgen. Das Sortiment bestand beim Tod von Charles Deere im Jahr 1907 aus Stahlpflügen, Kultivatoren, Mais- und Baumwollpflanzmaschinen sowie verschiedenen anderen Anbaugeräten. 1911 wurden unter der Führung des dritten Präsidenten William Butterworth gleich sechs Landmaschinenfirmen unter dem Dach von Deere vereinigt. Richtig erfolgreich wurde das Unternehmen jedoch erst im Jahr 1918, als man die „Waterloo Gasoline Traction Engine Company" in Waterloo, Iowa, aufkaufte. Damit wurden Traktoren ein wichtiger Bestandteil des Produktsortiments. Trotz großer wirtschaftlicher Schwierigkeiten in den 1920er-Jahren wurde 1923 der erste in Serie gebaute Traktor, der den Namen John Deere trug, auf den Markt gebracht. Besonders das Modell 10-20 GP (= *General Purpose* = Allzweck), ein Allzweckschlepper aus dem Jahr 1928, war höchst erfolgreich. Er war mit einem Dreiganggetriebe bestückt und einer der ersten Traktoren

Der „Vater des gelben Hirsches": der amerikanische Traktorpionier John Deere

mit einer hydraulischen Hubvorrichtung. Zunächst hatte er noch Eisenräder, bald darauf jedoch schon Luftbereifung. Der „gelbe Hirsch" ist heute aus der Traktorindustrie nicht mehr wegzudenken. Heute hat Deere & Company ca. 50 000 Mitarbeiter, betreibt Werke in 11 Ländern und verkauft seine Produkte in über 160 Staaten. Was mit einem selbstreinigenden Pflug begann, umfasst heute nicht nur landtechnische Produkte, sondern auch Baumaschinen, Forstmaschinen und Kommunaltechnik sowie Maschinen für die Rasen-, Grundstücks- und Golfplatzpflege. Darüber hinaus bietet das Unternehmen sogar Finanzdienstleistungen an.

Weitere berühmte amerikanische Unternehmen

Neben John Deere und Ford zählen auch **Case**, **Hart-Parr**, **International Harvester** und **Massey-Ferguson** zu den Traktorpionieren in Amerika. **Case** brachte bereits im Jahr 1911 den ersten Traktor mit Benzinmotor auf den Markt. Dieser war allerdings sehr groß und schwer und wurde mit einem 2-Zylinder-Motor angetrieben. 1919 erschien dann der Typ Case 10-18 mit einem 4-Zylinder-Motor und 18 PS/13 kW. Interessant an

Noch ohne Gummibereifung: Die ersten Traktoren stellten eine Belastungsprobe für die Wirbelsäule dar. Ein wunderschöner Ferguson.

den Case-Modellen war, dass bis zum Jahr 1929 der Motor quer in einem Gussrahmen eingebaut war.

Hart-Parr wurde im Jahr 1897 gegründet und brachte bereits fünf Jahre später den ersten Traktor auf den Markt. Nachdem man zunächst sehr große Maschinen gebaut hatte (der Radtraktor aus dem Jahr 1911 wog nicht weniger als 25 t!), stieg die Firma ab dem Jahr 1918 auf kleinere Traktoren um. Diese waren bei den Farmern bald sehr beliebt und verkauften sich auch recht gut. Sehr bekannt wurde der Ackerschlepper 18-36, der mit einem 2-Zylinder-Vergasermotor angetrieben wurde und 36 PS/26 kW hatte. Der Name Hart-Parr verschwand allerdings bereits im Jahr 1929 durch eine Fusion mit der „Oliver Farm Equipment Corporation“.

International Harvester ging im Jahr 1902 aus einem Zusammenschluss der Traktorhersteller Deering und McCormick hervor und expandierte sehr bald auch nach Europa. Das Modell International 8-16 war ein sehr kompakter Traktor mit einem wassergekühlten 4-Zylinder-Vergasermotor (18,5 PS/14 kW), zwei Vorwärtsgängen und einem Rückwärtsgang. In seinem Aussehen ähnelte er eher einem Pkw als einem Traktor. Trotz des Zusammenschlusses verfolgten sowohl McCormick als auch Deering zwei voneinander getrennte Vertriebswege. McCormick brachte im Jahr 1916 den legendären „International 8-16 Mogul“ heraus, der mit über 14 000 verkauften Fahrzeugen ein großer Erfolg für die Firma war. Der Mogul war mit einem wassergekühlten 2-Zylinder-Vergasermotor (16 PS/12 kW) bestückt und für den Standbetrieb mit einer seitlich angebrachten Riemenscheibe. Deering wiederum brachte bereits ab dem Jahr 1910 das Modell Titan auf den Markt, wobei vor allem der International 10-20 Titan berühmt wurde. Er hatte 20 PS/15 kW und einen 180-l-Wassertank für die Kühlung des 2-Zylinder-Motors. Ab dem Jahr 1935 brachten McCormick-Deering dann das äußerst beliebte Modell 10-20 in verschiedenen Ausführungen heraus, von dem bis 1939 ca. 215 000 Stück gebaut wurden. Es besaß einen 4-Zylinder-Vergasermotor mit 20 PS/15 kW und wurde in einer Ackerausführung, einer Verkehrsausführung und als Universalschlepper gebaut. Zunächst gab es nur eine Eisenbereifung, ab den späten 1930er-Jahren standen dann auch Gummireifen zur Auswahl.

Auch die Geschichte von **Massey-Ferguson** reicht bis ins Jahr 1847 zurück, als Daniel Massey in Kanada eine Fabrik gründete. 1891 fusionierten die beiden zunächst konkurrierenden Firmen Massey und Harris und führten 10 Jahre später den ersten Mähdrescher ein. Nach zwei nicht besonders erfolgreichen Kooperationen mit Traktorenfirmen entschloss man sich 1928 nach der Übernahme einer Traktorenfabrik selbst aktiv zu werden. Das erste selbst gefertigte Modell war 1929 der Massey-Harris 15/22 General Purpose, der ein Gewicht von 1600 kg hatte und dessen Vorderräder größer als die Hinterräder waren. Die Entwicklung ging rasant voran und Ende der 1930er-Jahre entstanden sehr formschöne Traktoren wie der Massey-Harris 744 D mit 48 PS/35 kW, 4-Gang-Getriebe und der Wahl zwischen Kerosin-, Benzin- oder Dieselmotor. Der spätere Partner Ferguson hatte sich in der Gestalt des Iren Harry Ferguson schon sehr früh im Bereich des Flugzeug- und Traktorbaus engagiert, gründete 1914 seine Werkstatt für Motoren, die „Harry Ferguson Ltd", und war unter anderem Vertreter des amerikanischen Traktorfabrikanten Overtime. 1919 wurde Ferguson von der britischen Behörde für Landwirtschaft angestellt und mit der Aufgabe beauftragt, die Nahrungsproduktivität in Irland durch den Einsatz von Traktoren zu steigern. Er entwickelte den ersten mechanisch anhebbaren Pflug, den er an einem umfunktionierten Ford T-Modell „Eros" anbaute, das Traktormodell des damaligen Autos von Ford. 1930 entschloss sich Ferguson, einen eigenen Traktor zu entwerfen und zu bauen, den er 1933 in Belfast in seiner Werkstatt montierte. Dieser Traktor war mit einem vollständigen Ferguson-Hebekontrollsystem bestückt, das nicht angebaut, sondern direkt eingebaut wurde, damit die volle Zugkraft des Traktors genutzt werden konnte. 1933 erschien der sogenannte „Ferguson's Black Traktor", den man bereits in die Teile Motor, Kupplungsgehäuse, Getriebe und Heckachsen gliedern konnte und der mit Benzin oder mit Kerosin betrieben wurde.

Es kam in weiterer Folge zu einer sehr fruchtbaren Zusammenarbeit mit Henry Ford, wobei Ford Traktoren mit der Ferguson-Hydraulik produzieren und Ferguson sie über seine eigene Verkaufsorganisation vermarkten durfte. So entstand auch der legendäre „Ford Ferguson 9N", der Vorbote des zukünftigen Traktors. Vor allem der TE-20 war unglaublich erfolgreich: Zwischen 1946 und 1956 wurden in Großbritannien über eine halbe Million des beliebten grauen Traktors verkauft. Bei der Suche nach einem potenziellen Käufer seiner Firma achtete Ferguson darauf, dass sein Name weiter bestehen blieb. Im Jahr 1953 entstand schließlich das Unternehmen Massey Harris Ferguson, das sich dann 1956 kurz Massey-Ferguson (MF) nannte und bis heute Bestand hat.

Die Entwicklung in Europa

Amerikanische Traktoren haben die deutsche Technik zwar stark beeinflusst, doch die landwirtschaftlichen, gesellschaftlichen und vor allem auch die politischen Verhältnisse waren gänzlich unterschiedlich. So musste die amerikanische Technik an die mitteleuropäischen Bedingungen angepasst werden und konnte nicht ohne wesentliche technische Veränderungen übernommen werden. Man kann also durchaus sagen, dass Traktoren immer die technischen Entwicklungen ihres Heimatlandes widerspiegeln.

Auch in Europa und vor allem in Deutschland gab es auf den Großgütern ab 150 ha großen Bedarf an maschineller Hilfe. Immerhin konnten sich im deutschen Kaiserreich im Jahr 1907 über 2000 Betriebe ein Dampfpfluglokomobil leisten.

In Europa war es aber vor allem der irische Erfinder Harry Ferguson, der dem Traktor seine moderne Form gab. Bereits 1916 hatte er die Idee, den Motorblock zu integrieren, was sowohl eine bessere Gewichtsverteilung als auch größere Stabilität zur Folge hatte. Den ersten Traktor produzierte Ferguson dann 1932. Dieser hatte weit größere Hinterreifen als Vorderreifen, was erheblich zur Sicherheit beitrug, da es vorher oft schwere Unfälle gegeben hatte, wenn der Traktor nach hinten umkippte.

In Deutschland war es vor allem die später in John Deere aufgegangene Firma Lanz, die wesentlich zur Entwicklung des Traktors beitrug. Im Jahr 1859 trat der junge Kaufmann Heinrich Lanz in die Speditionsfirma J. P. Lanz & Co. in Mannheim ein. Ein Jahr später gründete er eine Reparaturwerkstatt mit zwei Angestellten für die Reparatur und Wartung der verkauften Maschinen. Bald darauf begann die Firma Lanz mit der Fabrikation von Futterschneidern, Hand- und Göpeldreschmaschinen und 1879 verließ der erste selbst gebaute Maschinensatz (Dreschmaschine und Lokomobil) die Werkstatt. Das Lokomobil hatte übrigens eine Leistung von 2,5 PS/1 kW, wobei die Produktion schließlich ein Ausmaß von 120 Lokomobilen pro Monat erreichte und Lanz weltweit zum zweitgrößten Hersteller machte. Im selben Jahr wurde auch mit der Produktion von Dampfdreschmaschinen begonnen. Bei der Weltausstellung in Paris im Jahr 1900 stellte Lanz das bis dahin größte Lokomobil mit einer Höchstleistung von 460 PS/338 kW (Dauerleistung 260 PS/191 kW) bei 10 bar Kesseldruck aus.

Auch nach dem Tod von Heinrich Lanz im Jahr 1905 ging die Produktion weiter und im Jahr 1907 wurde das 20 000. Lokomobil gebaut. Lanz stellte auch Luftschiffe, selbstfahrende Bodenfräsen und Kriegszugmaschinen mit Benzinmotoren bis 120 PS/88 kW her. Die revolutionärste Erfindung präsentierte das Unternehmen jedoch im Jahr 1921 auf der Leipziger Landwirtschaftsausstellung: Es war der Prototyp eines Traktors mit einem Zweitakt-Zündkopfmotor und der Bezeichnung HL 12. Aufgrund seiner gedrungenen Gestalt wurde er „Bulldog“ genannt und bildete den Auftakt einer langen Reihe von Traktoren des Typs Lanz Bulldog. 1923 wurde unter der Bezeichnung „HP“ der Knicklenker mit Allradantrieb vorgestellt. Der sogenannte Felddank hatte einen 38-PS-2-Zylinder-Glühkopfmotor (28 kW) und war dermaßen robust, dass 1924 sogar eine 1100-km-Leistungsfahrt von Mannheim über Hannover nach Berlin mit 3 HL12 Bulldogs und einem 38-PS-Felddank (28 kW) ohne Panne, Unfall oder Motorschaden gelang. 1926 wurde der 22/28 PS-Großbulldog HR2 (16/21 kW) vorgestellt, 1929 der HR5 15/30 und HR6 22/38. Die Firma war auch im Zweiten Weltkrieg erfolgreich, wobei 1942 aufgrund der Brennstoffknappheit per Gesetz die Bulldogs mit Holzvergaserantrieb gebaut werden mussten. Im selben Jahr wurde auch der 100 000. Bulldog ausgeliefert. 1959 wurde das 100-jährige Bestehen des Lanz-Werkes gefeiert. Ein Jahr später wurde der Firmenname von „Heinrich Lanz AG Mannheim“ in „John Deere-Lanz AG“ geändert und 1967 in „John Deere Werke Mannheim, Zweigniederlassung der Deere & Company“ umbenannt.

Neben Lanz erwarb sich auch die „Hannoversche Maschinenbau AG Hanomag“ besondere Verdienste um die Entwicklung der Schlepper. Es handelt sich bei Hanomag um ein 1835 gegründetes Unternehmen,

Heute noch begehrte Fotomotive bei Oldtimertreffen: die legendären Lanz-Bulldogs

das im Verlauf der Jahre Lokomotiven, Lastkraftwagen, Ackerschlepper, Personenwagen und Baumaschinen herstellte. Ab 1912 wurden Tragpflüge mit bis zu 80 PS starken Benzolmotoren produziert und ab 1924 erste Ackerschlepper. Alle diese Maschinen trugen die Initialen ihrer Erfinder im Namen: WD (Ernst Wendeler und Boguslav Dohrn). Der WD-Radschlepper R 26 aus dem Jahr 1924 hatte 26 PS/19 kW und im Wesentlichen die Blockbauweise des berühmten Fordson-Traktors. Schon bald erkannte Hanomag, dass die Zukunft dem Diesel gehörte, und brachte 1931 den weltweit ersten Dieselschlepper RD 36 mit 4-Zylinder-Motor und 5195 ccm Hubraum auf den Markt. Hanomag war 1939 und Anfang der 1950er-Jahre Marktführer, geriet durch eine nicht geglückte Umstellung auf Zweitakt-Dieselmotoren allerdings in große Schwierigkeiten und musste schließlich 1971 die Produktion einstellen. Unter www.hanomag-museum.de gibt es heute allerdings ein sehenswertes virtuelles Museum.

Der dritte große Pionier in Deutschland ist die Deutz AG, die 1864 als N. A. Otto & Cie von Eugen Langen und Nikolaus August Otto (dem Erfinder des Ottomotors) in der Kölner Altstadt gegründet wurde. Sie gilt damit als ältestes Motorenwerk der Welt. 1869 erfolgte der Umzug nach Deutz und 1872 die Umbenennung in Gasmotoren-Fabrik Deutz AG. Ab 1876 begann dann die Produktion von Viertaktmotoren, den sogenannten Ottomotoren. Deutz baute vor allem Lokomotiven, ab 1897 auch Dieselmotoren. Bereits 1907 produzierte Deutz die ersten Traktoren, die jedoch noch sehr schwere Geräte waren. Erst im Jahr 1926 wurde mit dem MTZ 222, einem ersten Dieseltraktor, der Bau leichterer Maschinen eingeleitet. Damit änderte sich aber auch der Traktorenbau in Deutschland grundlegend. Deutz war führend bei der weiteren Entwicklung und die Agrartechnik wurde für lange Zeit zu einem der wichtigsten Standbeine der Firma.

Die Zwischenkriegszeit

Die 1920er-Jahre waren die Pionierzeit im Ackerschlepperbau. Es wurde jetzt z. B. mehr Wert auf den Bau von Dieselmotoren gelegt, deren Vorteil gegenüber Benzin- oder Glühkopfmotoren der Faktor war, dass Diesel günstiger als Benzin oder Kerosin war. Zudem konnte man nun auf die bei Benzinmotoren empfindlichen Teile wie Vergaser, Zündmaschine und Zündkerzen verzichten.

Der handliche „Fordson“ mit einem Gewicht von nur 1215 kg, der durch die Massenproduktion der Firma Ford auch sehr günstig war, leitete eine Revolution in der Agrartechnik ein. Bis 1920 wurden

Nicht nach dem Gründer, sondern nach dem Produktionsstandort benannt: Traktoren der Firma Deutz

weltweit über 160 000 Traktoren dieses Modells produziert, von 1921 bis 1925 fast 400 000 und von 1926 bis 1930 noch einmal über 200 000. Nicht weniger als 75 % aller neu zugelassenen Traktoren in den USA waren „Fordsons". Dieser Traktor war dermaßen übermächtig, dass in den USA viele kleinere Betriebe ihre Produktion einstellen mussten. Daher bewirkten in Deutschland die deutsche Landmaschinenindustrie und einflussreiche Kreise ein Importverbot des „Fordson", ohne aber eine adäquate Alternative anbieten zu können. Die Firma Pöhl entwickelte zwar die sogenannte „Pöhl-Ackerbaumaschine", die dem „Fordson" in Leistung und Technik einigermaßen nahe kam, aber um ein Mehrfaches teurer war. Sie kostete nämlich ca. 7000 Goldmark und damit mehr als dreimal so viel wie der „Fordson". Immer wieder fand man daher Wege, um das Importverbot zu umgehen, oder importierte über das Ruhrgebiet und das Rheinland, wo die Einfuhrbeschränkungen für amerikanische Schlepper nicht galten. Erst im Frühjahr 1924 wurde eine begrenzte Einfuhr genehmigt, was dazu führte, dass die ersten 500 importierten „Fordsons" sofort ausverkauft waren und bereits ein Jahr später jeder siebte in Deutschland neu gekaufte Traktor ein Ford war.

In Deutschland hingegen wurden bis zum Ende des Ersten Weltkriegs überhaupt keine Traktoren in Serie produziert und auch nach dem Krieg kam die Schlepperherstellung nur sehr langsam in Schwung. Nur Großbetriebe benötigten Zugmaschinen bei der Feldarbeit, sodass Dampfpfluglokomobile zunächst ausreichend waren. Das erklärt auch den noch sehr großen und stabilen Pferdebestand in Deutschland bis Mitte der 1920er-Jahre und in manchen Gebieten auch noch bis nach dem Zweiten Weltkrieg. Bis zum Ende des Ersten Weltkriegs gab es nur wenige Prototypen von Traktoren oder aus den USA importierte Geräte, die sich jedoch kaum durchsetzen konnten. Eines dieser Modelle war z. B. der Mogul der Firma McCormick-Deering. Der Einsatz von Maschinen rechnete sich erst ab einer Betriebsgröße von mindestens 50 ha. So ist es nicht verwunderlich, dass im Jahr 1925 in Deutschland nicht einmal 1 % der landwirtschaftlichen Betriebe unter 50 ha einen Traktor oder einen Motortragpflug einsetzten. Bei den Betrieben von einer Größe von bis 100 ha waren es auch nur 5 %. Allerdings gab es in Deutschland im Gegensatz zu den USA keine wirklichen Großbetriebe, am ehesten noch an der Ostsee in Mecklenburg und in Ostpreußen.

Es war aber nur eine Frage der Zeit, bis sich der Traktor gegenüber dem Dampfpflug durchsetzte, da er immer preisgünstiger und leistungsfähiger produziert werden konnte und zudem vielseitig verwendbar war. Im Jahr 1933 lautete das Verhältnis der Betriebe mit Dampfpflug und der Betriebe mit Traktor dann nahezu 1:20!

Ein weiterer wichtiger Faktor darf hier nicht vergessen werden: Da es in Deutschland im Gegensatz zu den USA kaum Erdölvorkommen gab und die Traktoren weit öfter in Betrieb waren, war man praktisch gezwungen, Motoren zu konstruieren, die mit billigen Treibstoffen fuhren. Man musste also weit mehr Zeit in die Technik investieren und entwickelte schließlich die Diesel- und Glühkopfmotoren, durch die man von teuren Importen unabhängig wurde. Die ersten Dieselmotoren kamen bereits 1923 auf den Markt, doch zunächst konnte der „Bulldog HL" den größten Erfolg verbuchen. Er besaß einen Glühkopfmotor, den man mit einer Lötlampe erwärmen musste, was zwar umständlich, aber dennoch sehr effizient war.

Der „Bulldog" war ursprünglich nicht als Ackerschlepper konzipiert, erwies sich jedoch als so geeignet, dass er speziell für die Landarbeit weiterentwickelt wurde. Der „Ackerbulldog HP" aus dem Jahr 1923 war bereits allradbetrieben und verfügte über Greifräder. Er musste dennoch wegen seines hohen Preises sehr bald wieder eingestellt werden. Die oft verzweifelten Versuche der Regierung, die deutsche Industrie durch staatliche Maßnahmen zu schützen, erwiesen sich im Fall der Traktorindustrie sehr oft als Hemmschuh. Neben dem Importverbot gab es unter anderem auch eine eigene Finanzierungsgesellschaft, die den Kauf heimischer Produkte unterstützte. Ab dem Jahr 1926 stieg man auch in Deutschland auf die Serienproduktion um, wie der „Hanomag-WD-Radschlepper" mit 28–32 PS/21-24 kW sehr gut dokumentiert. Als spektakuläre Werbemaßnahme fuhr vom 2. September bis zum 28. Oktober 1926 eine ganze Karawane dieses Modells an der Ostsee entlang durch Norddeutschland und veranstaltete an vielen Orten Schaupflügen, um die Leistung dieses heimischen Produktes zu demonstrieren. 1930 zeigte sich dann schließlich folgende Beliebtheit: 45,5 % der Schlepper waren „Lanz-Bulldogs", 17,4 % Hanomags und 21 % „Fordsons".

Der Beginn der 1930er-Jahre war gekennzeichnet durch die Weltwirtschaftskrise, was auch auf die Entwicklung und den Absatz der Traktoren große Auswirkungen hatte. Es kam zu einer Stagnation und einer heftigen Absatzkrise von Landmaschinen, infolge derer viele Firmen ihren Betrieb einstellen mussten. Erst ab dem Jahr 1933 gab es eine langsame Erholung mit einigen wichtigen technischen Neuerungen. Der Dieselmotor setzte sich durch und auch die Zapfwelle, welche den Strom vom Traktor zum angehängten

Die Firma Fendt erklärte bereits in ihren Produktnamen, was Traktoren sein sollten: ein Dieselross für die Landwirtschaft.

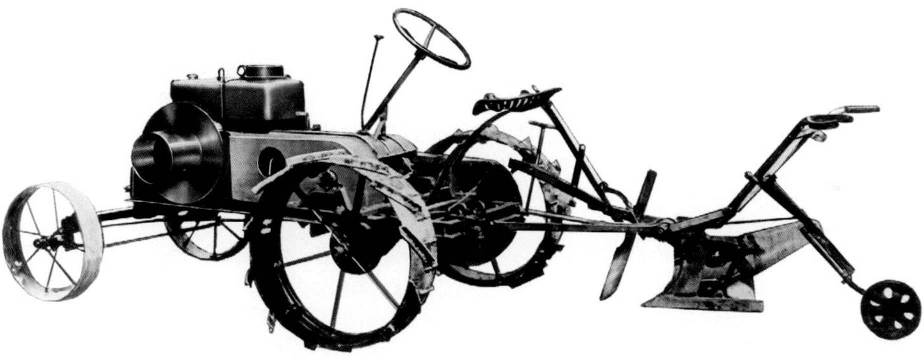

Ein Bollinder-Munktell T35, der erste schwedische Dieseltraktor aus dem Jahr 1935

Mähdrescher weiterleitete, wurde nun serienmäßig eingebaut. Bald konnte jeder Traktor jedes Gerät verschiedener Hersteller antreiben. Immer mehr hatte man auch die kleineren Bauernhöfe im Blick, an denen die Mechanisierung bisher fast spurlos vorbeigegangen war. Mit dem berühmten „Deutz F 1 M 414", dem sogenannten Bauernschlepper mit 11 PS/8 kW, gab es nun einen Traktor, der relativ günstig und ideal für kleinere Flächen war.

Eine ganz entscheidende Neuerung kam wieder einmal aus den USA: Dort wurde Anfang der 1930er-Jahre der Ackerluftreifen entwickelt, der sich sehr rasch durchsetzte. Die Vorteile lagen auf der Hand, denn gegenüber dem Eisenrad steigerte der Luftreifen bei relativ geringem Bodendruck die Zugleistung um ca. 30 %. Auch der Übergang vom Acker auf die Straße war nun kein Problem mehr, während man vorher bei den Eisenrädern immer spezielle Vorrichtungen montieren musste, um die Straße nicht zu beschädigen. In Deutschland setzte die Entwicklung etwas später ein und erst 1934 stellten die Continentalwerke in Hannover spezielle Ackerluftreifen her, die bald guten Absatz fanden.

Durch den Luftreifen und die Zapfwelle waren nun wichtige Voraussetzungen geschaffen, um den Traktor zur Universalmaschine auf dem Bauernhof zu machen, der einen großen Teil der Arbeiten ausführen konnte.

Zwei bemerkenswerte Erfindungen der Zwischenkriegszeit sollen hier noch erwähnt werden: Der „Farmall Regular"-Ackerschlepper aus dem Jahr 1924 war speziell für den amerikanischen Maisanbau konzipiert. Durch seine beiden eng zusammenstehenden Vorderräder erweckte er den Eindruck eines Dreirades. Durch seine kurze Vorderachse war er ideal für das Maishacken, weil die Maispflanzen nicht beschädigt wurden. Das Modell wurde rasch zum meistverkauften Schlepper in den USA, hatte aber natürlich für Europa kaum Bedeutung. In Deutschland war es lediglich die Karl Ritscher GmbH aus Hamburg, die Dreiradschlepper herstellte. Erwähnenswert ist das Modell „N 20" mit 22 PS/16 kW, von dem in drei Jahren immerhin 250 Stück produziert wurden und das auch recht guten Absatz fand.

Die zweite Innovation war die Dreipunktaufhängung mit hydraulischem Kraftheber, welche die Kraft vom Traktor auf den Pflug optimal übertrug, ohne dass sich der Traktor aufbäumte. Diese Erfindung des Iren Harry Ferguson wurde in den USA bereits 1922 (!) serienmäßig eingebaut, setzte sich in Europa aber erst nach dem Zweiten Weltkrieg durch.

Eine der legendärsten Traktormarken Italiens: der SAME

Überhaupt hatte der Traktor in Europa vor allem in den ersten Jahren nach dem Zweiten Weltkrieg seinen großen Durchbruch. In England gab es beispielsweise auch 1939 noch über 1 Million Pferde in der englischen Landwirtschaft, die hauptsächlich zum Pflügen eingesetzt wurden. 1950, also 11 Jahre später, waren es dann nur noch ca. 50 000!

Die Entwicklung der Traktoren vom 2. Weltkrieg bis zur Gegenwart

Maximilian Fritz

Während in den USA die Traktorindustrie florierte und im Jahr 1939 bereits 1,5 Millionen Traktoren im Einsatz waren, war die Entwicklung in Deutschland sehr zwiespältig. Einerseits fürchteten die Pferdezüchter um ihre Existenz und veranstalteten zum Teil aberwitzige Wettkämpfe zwischen Schleppern und Pferden. Auch die militärische Aufrüstung beanspruchte immer mehr Kapazitäten, die sich auf die Landmaschinenproduktion auswirkten. Andererseits musste aber auch die Versorgung der Bevölkerung sichergestellt werden, was ohne Traktoren immer schwieriger wurde. Und auch die Industrie benötigte immer mehr Facharbeiter, sodass auf dem Land Arbeitskräfte knapp wurden. So kam es dazu, dass die Produktion von Traktoren zunächst einmal gefördert wurde. In den Jahren zwischen 1933 und 1939 nahm die Zahl der Traktoren, die großteils schon mit Dieselmotoren und Gummireifen ausgestattet waren, von ca. 24 000 auf 66 000 zu. Mit Kriegsbeginn änderte sich die Situation aber sehr rasch. Die Produktion stagnierte und zu Kriegsende lagen die Umsätze dann praktisch bei null.

Während die Kriegsparteien des Zweiten Weltkriegs in Bezug auf Motorisierung und technische Entwicklung für die Waffen- und Rüstungsindustrie alle nur möglichen Anstrengungen unternahmen, stagnierte im Gegensatz dazu die Weiterentwicklung bei Landmaschinen. Zwar wurde die Wichtigkeit des Landbaus als „kriegserhaltend" propagiert, dennoch wurde der für den Krieg notwendige Treibstoff nicht in Traktoren, dafür aber in mobiles Kriegsgerät getankt. Auf der anderen Seite wurden Traktoren teilweise selbst als Kriegsgerät eingesetzt. So baute die Firma Case während der Kriegsjahre Traktoren für den militärischen Einsatz, vor allem für den

Wüstenkrieg. Die Sowjetunion entwickelte 1937 einen Raupentraktor, der im Krieg gegen Deutschland als Artilleriefahrzeug benutzt wurde. Auch US-amerikanische Hersteller wie Allis-Chalmers und Caterpillar erfüllten während des Zweiten Weltkriegs Regierungsaufträge. Trotz der schwierigen Situation – der italienische Fahrzeugriese Fiat verkaufte 1945 gerade einmal 32 Traktoren – entstanden sogar neue Traktormarken. So gründete der italienische Ingenieur Francesco Cassani 1942 den SAME *(Società Accomandita Motori Endotermici)*.

Im Deutschen Reich und seinen Vasallenstaaten mussten Traktoren vor allem gegen Ende des Krieges mit festen Brennstoffen betrieben werden, da flüssiger Brennstoff aufgrund der fortschreitenden Erfolge der Alliierten Mangelware wurde. Der deutsche Traktorenhersteller Fendt entwickelte deshalb 1942 einen 25 PS/18 kW starken Schlepper, der mithilfe eines Holzgasgenerators betrieben wurde. Die Gebrüder Albert und Josef Eicher gründeten mitten im Krieg, 1941, den „Gebrüder Eicher Traktorenbau" und entwickelten Holzgasschlepper neben Aufträgen für die deutsche Rüstungsindustrie.

Die österreichische Traditionsmarke Steyr, im Jahr 1864 als Waffenfabrik von Josef Wendl gegründet, stieg nach dem Krieg 1947 ins serielle Traktorgeschäft ein und brachte zwei Jahre später einen der legendärsten Oldtimer-Traktoren auf den Markt: den berühmten grünen „15er" (Steyr 80, Baureihe 13, 13–15 PS/9–11 kW). Im selben Jahr, 1949, gründete der Engländer Joseph Cyril Bamford ein Unternehmen für Bau- und Landmaschinen und nannte es nach seinen Initialen JCB. Bis heute ist JCB noch in Familienhand.

Ebenfalls 1949 brachte der finnische Hersteller Valtra noch unter seinem damaligen Namen Valmet seinen ersten Traktorenprototyp aus der Werkshalle. Valtra war ein Zweig der finnischen staatlichen Metallwerke Valtion Metallitehtaat, die den Auftrag hatten, zivile Maschinen für den Wiederaufbau nach dem Krieg zu fertigen.

1950er- bis 1960er-Jahre

Zu einem neuen Traktorboom kam es erst nach Ende des Krieges, durch die Kriegsfolgen ausgelöst: Eine vermehrte Landflucht sowie die Kriegsverluste selbst verursachten einen Arbeitskräftemangel, der durch technische Hilfsmittel wie eben Traktoren ausgeglichen werden musste. Außerdem setzte in den 1950er-Jahren das sogenannte Wirtschaftswunder ein;

In den Jahren nach dem Zweiten Weltkrieg setzte ein Traktorboom ein. Im Bild ein Werbeplakat für den legendären Steyr-Traktor.

die Kriegsschäden waren behoben, die Industrien wurden wieder aufgebaut und der Bedarf an Motorisierung auch in der Landwirtschaft stieg. Dennoch forderte der wachsende Markt an Landwirtschaftsmaschinen auch – oder gerade deshalb – seine Opfer. Bereits ab den späten 1950er-Jahren trat erstmals eine größere Marktbereinigung ein; durch die steigende Internationalisierung des Handels und der Wirtschaft konnten die kleinen Traktorenhersteller nicht mehr im Preis und der Stückzahl mithalten. Sie mussten deshalb die Produktion einstellen oder wurden von größeren Konkurrenten einfach geschluckt. Diese Entwicklung traf auch etablierte und große Marken wie Lanz, Porsche, MAN oder Güldner. Der legendäre Lanz musste einem nicht minder legendären Hersteller weichen – die Firma Heinrich Lanz AG wurde 1956 vom amerikanischen Traktorengiganten John Deere aufgekauft, der damit den berühmten „gelben Hirsch" nach Europa brachte. Eine skandinavische Fusion geschah 1950 durch den Zusammengang von Bollinder-Munktell mit Volvo. Entwicklungstechnisch waren die 1950er-Jahre eine gute Zeit – sowohl 6-Zylinder-Dieselmotoren als auch verbesserte Getriebe erleichterten die Arbeit in der Landwirtschaft. 1958 entstand ein weiterer Traktorgigant durch Fusionierung: Die nordamerikanische Firma Massey-Harris ging mit der englischen Firma Harry Ferguson limited als Massey-Ferguson zusammen.

Massey-Harris selbst war bereits eine Fusionierung aus dem Jahr 1891 zwischen den Erntemaschinenproduzenten Daniel Massey und Alanso Harris. Die Firma „Gebrüder Eicher Traktorenbau" expandierte nach Indien und produzierte ab 1959 in einem Joint-Venture-Projekt den ersten indischen Traktor.

1960er- bis 1970er-Jahre

Waren in den Jahren nach dem Krieg vor allem Kleinschlepper gefragt, so stieg ab den 1960er-Jahren der Bedarf nach größeren und stärkeren Traktoren, wenn auch die Stückzahlen der verkauften Geräte stagnierten bzw. zu den boomenden 1950er-Jahren sogar rückläufig waren. Ein Grund dafür lag in einer ersten Phase des „Bauernsterbens". Aufgrund der

Aus Massey-Harris und Harry Ferguson wurde 1958 der Traktorgigant Massey-Ferguson.

verbesserten Landmaschinentechnik stieg die Produktionszahl landwirtschaftlicher Güter rapide an, bei gleichzeitiger Reduktion der Facharbeiter, die ja durch den Einsatz von Geräten überflüssig wurden. Viele Kleinbauern konnten mit der Produktion nicht Schritt halten und gaben auf. Ihre Felder und Anbauflächen wurden von den größeren Nachbarn übernommen, die wiederum eine bessere Motorisierung brauchten. Der Effekt: Weniger Landwirte ergaben zwar weniger Käufer, dafür aber mussten die Traktoren, die gekauft wurden, stärker und vielseitiger einsetzbar sein. Der Traktor war nicht mehr ein reines Schleppgerät, er musste nun auch als Geräteträger verschiedene Arbeitserleichterungen für den Landwirt garantieren. Anbau- und Zapfwellengeräte verlangten höhere Motorleistungen der Traktoren, die Motoren selbst entwickelten sich von Vorkammer- zu direkteinspritzenden Dieselmotoren weiter. Allis-Chalmers brachte Anfang der 1960er-Jahre den ersten Turbodiesel für Traktoren auf den Markt. Auch die Getriebetechnik sowie die Hydraulik machten in den 1960er-Jahren einen weiteren bedeutenden Sprung nach vorne, wie auch die Sicherheitstechnik für den Fahrer. Fendt entwickelte 1968 ein stufenloses Automatikgetriebe, Steyr führte 1966 einen Sicherheitssitz bei seinen Traktoren ein, John Deere verwendete ab 1967 einen Überrollschutz serienmäßig.

In den 1960er-Jahren kam es zu weiteren Fusionen und einer weiteren Internationalisierung, was den Einsatz von Traktoren in den verschiedenen Ländern betrifft. Die beiden deutschen Hersteller Deutz und Fahr, welcher sechs Jahre zuvor Guldner gekauft hatte, fusionierten 1968 zur Deutz-Fahr-Gruppe, 1995 wurde die Gruppe selbst vom italienischen SAME-Konzern aufgekauft.

1970er-Jahre bis heute

Von der Technik her waren die 1970er-Jahre das Jahrzehnt, in dem der Allradantrieb einen endgültigen Siegeszug in die Landwirtschaft antrat, ein besonderes Augenmerk der Hersteller lag außerdem an der Weiterentwicklung der Getriebetechnik.

1984 stellte der deutsche Traktorgigant Fendt mit dem 380 GTA einen Freisicht-

In den 1960ern erfolgte ein technischer Quantensprung – der Traktor wurde vom reinen Schlepper zum Allrounder in der Landwirtschaft (Fendt Favorit 3 mit Mähdrescher).

Ab den 1970er-Jahren wurde von den Firmen das Augenmerk der Entwicklung vor allem auf die Getriebetechnik gelegt. Im Bild ein finnischer Valmet 502 aus dem Jahr 1971.

Traktor ohne Motorhaube vor; im selben Jahr übernahm Case das Landmaschinensegment von International Harvester und fusionierte so zu Case IH. Zwei Jahre später kaufte Case den Hersteller Steiger, der sich vor allem auf Großtraktoren spezialisierte. Der Markenname Steiger verschwand aber nicht ganz, da Case seine größten Schlepper unter der Bezeichnung Case Steiger führte.

Die „Industrialisierung" der Landwirtschaft, riesige Anbauflächen und High-Tech-Geräte haben in den vergangenen Jahrzehnten aus den kleinen, relativ einfachen Landmaschinen Spezialgeräte für jeden nur denkbaren Einsatz werden lassen.

Um den Boden zu schonen und eine optimale Bodenhaftung zu garantieren, begannen einige Hersteller in den späten 1980er- und vor allem in den 1990er-Jahren, ihre größten Brummer vermehrt mit Raupen anstelle von Reifen auszustatten, wobei Raupen für weiche Böden auch schon in den Pioniertagen der Traktoren eingesetzt wurden. Den Durchbruch für Raupentraktoren schaffte Caterpillar im Jahr 1986, als der Hersteller seine Challenger-Traktoren mit leistungsstarken Gummiraupen ausrüstete. Andere Anbieter zogen nach: So vertauschte Case die vier Räder mit vier Gummiraupen und schuf so den Quadtrac, noch heute eines der leistungsstärksten Geräte des Case-Konzerns. Die Motorstärke stieg während der letzten Jahrzehnte konsequent, 300 PS/221 kW und mehr waren ab den 1980er-Jahren keine Seltenheit mehr, mittlerweile sind auch 600-PS-Geräte (441 kW) im Einsatz. Neben der Leistungssteigerung wurden in den vergangenen Jahren vor allem die Wirtschaftlichkeit und der Komfort beim Arbeiten Kriterien für den Konsumenten: Satellitennavigation, Abgas-Turbolader, Mikrochips, Bordcomputer, Bluetooth, stufenlose Getriebe mit Dutzenden von Vorwärts- und Rückwärtsgängen, voll-klimatisierte, schalldämmende Rundum-Glaskabinen von der Größe eines Kinderzimmers, übermannshohe Hinterreifen oder schwere Raupen – aus den Traktoren wurden Mehrzweckarbeitsgeräte für jeden Bedarf.

Je breiter die Palette von Traktormodellen und Ausstattung, desto dünner wurde die Luft allerdings bei den Herstellern selbst. In den 1980er-Jahren kam es zu schweren Einbrüchen im Traktorengeschäft, das zahlreiche Opfer forderte, darunter solche Traditionsmarken wie Allis-Chalmers, deren

Aus den kleinen automatischen Pflügen sind innerhalb weniger Jahrzehnte Hightech-Geräte mit Hunderten von PS geworden. Im Bild ein Case Steiger.

Fabrikstore 1985 endgültig schlossen. Fusionierungen wurden zwangsläufig, nur wer expandierte, indem er Konkurrenten schluckte, konnte überleben. So kaufte Ford 1985 New Holland, 1991 wiederum wurde Ford von Fiat gekauft. Case übernahm International Harvester und Steiger, 1996 Steyr und 1997 den ehemaligen Ostblock-Hersteller VEB Kombinat Fortschritt Landmaschinen und fusionierte 1999 mit New Holland zum Konzern CNH.

Zwar gibt es eine schier unüberschaubare Anzahl von Traktormarken, doch gehören diese im Prinzip nur einer Hand voll von Multikonzernen. Ein Beispiel für die Fusionierungsfreude der letzten Jahre ist der Agco-Konzern, der innerhalb von 15 Jahren zu einem der größten Landmaschinen- und Traktorenhersteller der Welt geworden ist: Durch ein Management-Buy-out aus Deutz Allis 1990 gegründet, erwarb der Konzern bereits ein Jahr später die White-Traktoren-Produktion von Allied Products. 1994 übernahm Agco die weltweiten Rechte von Massey-Ferguson, 1997 übernahm er die Fendt GmbH, 2002 die Landtechnik von Caterpillar und somit die Vermarktung der Challenger-Traktoren und 2004 den skandinavischen Marktführer Valtra. 2006 erreichte der weltweit tätige Konzern mit 13 000 Mitarbeitern einen Umsatz von 5,4 Milliarden US-$. Heute ist John Deere mit über 9 Milliarden US-$-Umsatz der weltweit größte Landmaschinenhersteller.

Der Knicklenker MT 900 der Firma Challenger

Technische Beschreibung

Unter dem Begriff „Traktoren“ versteht man Maschinen, die zum Ziehen von Anhängern und Landmaschinen genutzt werden. Der Name stammt aus dem lateinischen „*trahere*“, das so viel wie „ziehen“ bedeutet. Im Norden Deutschlands werden auch die Begriffe Schlepper, Ackerschlepper und Trecker verwendet. Der amtliche Begriff für Traktor lautet in Deutschland und Österreich Zugmaschine. Erstmals wurde der Name „Traktor“ übrigens im Jahr 1906 von der Firma Hart-Parr verwendet.

Die Anforderungen an den Traktor von heute

Der Aufbau und die Ausrüstung des Traktors sollten sich heutzutage unbedingt an den Zielen einer modernen, umweltgerechten Landwirtschaft orientieren. Das bedingt folgende Voraussetzungen: Geringer Energieverbrauch bei hohem Energienutzungsgrad. Die Abgas- und Lärmemissionen sollten möglichst gering sein. Der Boden muss möglichst geschont werden, eine Bodenverdichtung aus Bodendruck und Schlupf sollten vermieden werden. Deshalb sollte das Gewicht gering und der Traktor mit einer elektronischen Schlupfregelung ausgestattet sein. Weiters müssen Traktor und zum Einsatz kommende Arbeitsgeräte möglichst perfekt aufeinander abgestimmt sein. Das gilt besonders für den Pflanzenbau (Spurweiten und Reifenbreiten in Abstimmung mit den Reihenweiten, erforderliche Bodenfreiheit usw.). Die Arbeitsplatzgestaltung sollte möglichst viel Komfort und Sicherheit bieten, was die Traktor- und Gerätebedienung betrifft (Ergonomie, Lärm- und Wetterschutz). Und schließlich müssen auch die Leistung und die Kostenbelastung übereinstimmen (Wartung, Reparatur- und Erhaltungskosten).

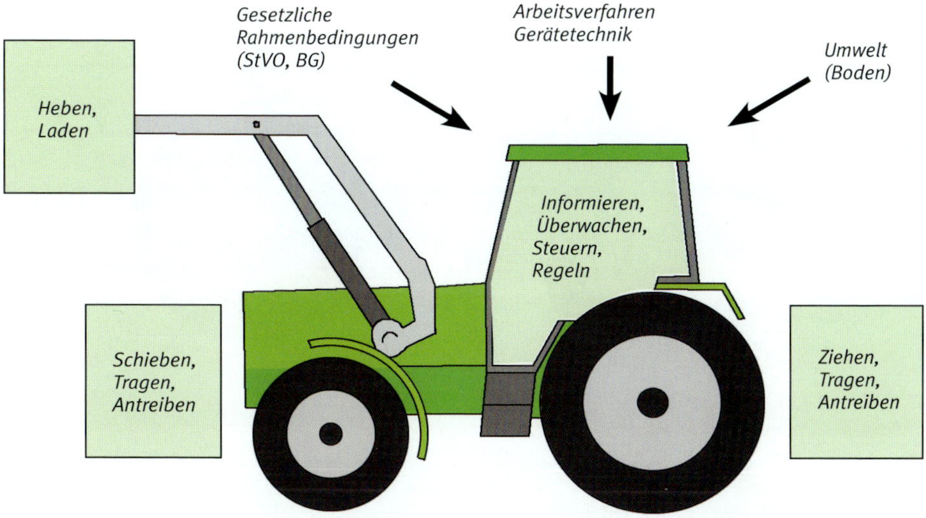

Funktionen des Traktors

Schieben, Tragen, Antreiben, Heben, Laden, Ziehen

Baugruppen des Traktors und ihre Funktionen

Kraftheber: Geräteanbau, Gerätebetätigung
Motor: chemische Energie wird in mechanische umgewandelt
Fahrerstand: Bedienung
Kupplung: Kraftflussunterbrechung
Getriebe: Wandlung von Drehzahl und Drehmoment
Fahrwerk: Tragen, Zugkraftumsetzung

Blockbauweise bei Traktoren

Bei dieser Bauweise sind die Gehäuse von Motor, Kupplung, Getriebe und Hinterachse so stabil und zu einem Block verschraubt, dass sie zum tragenden Bauteil werden, an dem z. B. die Kabine befestigt wird. Die Blockbauweise ist zwar kostengünstiger, hat aber Nachteile beim Austausch einzelner Baugruppen.

Rahmenbauweise bei Traktoren:

Hier sind der Motor, die Kupplung und das Getriebe in einem zusätzlichen Rahmen, der als eigentlicher Tragrahmen dient, „aufgehängt". Die Rahmenbauweise ist teurer, dafür aber materialsparend.

Eine Mischform ist die „Halbrahmenbauweise".

Schematische Baugruppen des Traktors

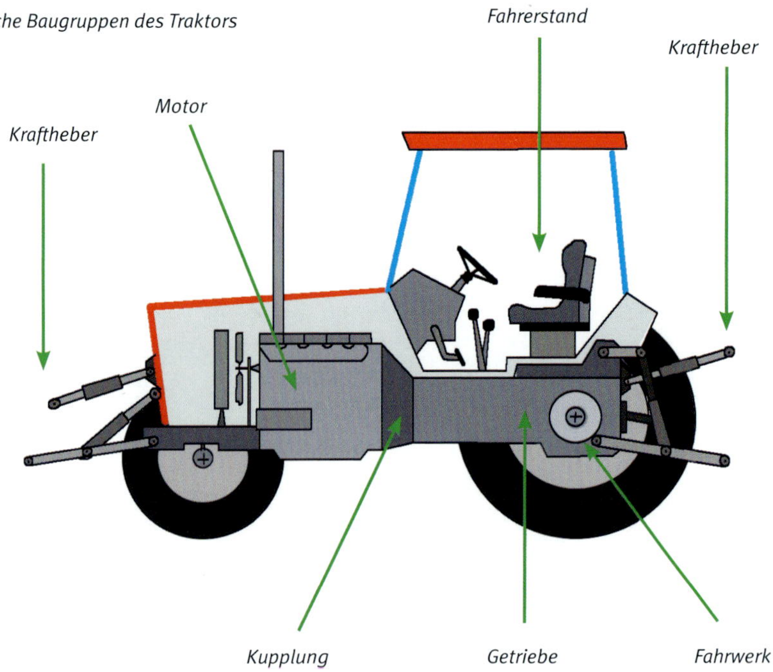

Hinweise zur Benutzung des Nachschlageteils

Die Traktorindustrie ist ständig in Bewegung und hat sich in den letzten Jahrzehnten unglaublich verändert. Nur wenige der ehemals zahlreichen Firmen konnten auf dem Markt bestehen, die meisten wurden eingestellt oder fusioniert. Heute gibt es nur noch wenige Großkonzerne, die dafür jedoch auf gesunden Beinen stehen und oft weltweit tätig sind.

Dieses Buch verzichtet bewusst auf eine Aufzählung der Traktormarken, die es einmal gegeben hat, denn diesen Weg haben bereits viele Autoren beschritten. Hier wird der Schwerpunkt auf die noch heute existierenden Firmen gelegt, deren moderne Produkte faszinierend genug sind. Selbstverständlich kommen dabei aber auch die wichtigsten und legendären Oldtimer nicht zu kurz. Der Leser kann sich somit einen genauen Überblick über den Traktorenmarkt verschaffen. Hierbei liegt der Schwerpunkt auf dem mitteleuropäischen Raum.

Nach einer kurzen Firmengeschichte findet man die wichtigsten Modelle der jeweiligen Firma, wobei den großen Konzernen naturgemäß etwas mehr Platz eingeräumt wird.

Steckbrief

Am Rand jeder Traktorbeschreibung befindet sich eine Steckbriefleiste. Hier werden die wichtigsten Charakteristika tabellarisch aufgelistet:

- Herkunftsland
- Maximale Motorleistung (PS/kW)
- Gesamtgewicht (kg)
- Motorgröße (ccm)
- Abmessungen (Länge/Breite/Höhe) in mm

Am Ende des Steckbriefs wird in dem dunkler hinterlegten Kästchen die Kategorie des jeweiligen Traktors angegeben:

- Kleinschlepper (bis 80 PS/59 kW)
  Darunter fallen Traktoren, die neben der klassischen Landwirtschaft vor allem auch im Obst- und Weinanbau, aber auch im kommunalen Bereich in Verwendung sind.
- Mittelschlepper (81–150 PS/60–110 kW)
  Damit sind die „gängigen“ Geräte in kleinen und mittelgroßen landwirtschaftlichen Betrieben gemeint.
- Großschlepper (151–600 PS/111–441 kW)
  Diese sind für den Einsatz in Großbetrieben konzipiert; sie sind die „Königsklasse“ der jeweiligen Traktorproduzenten

Die Firmen und ihre Modelle

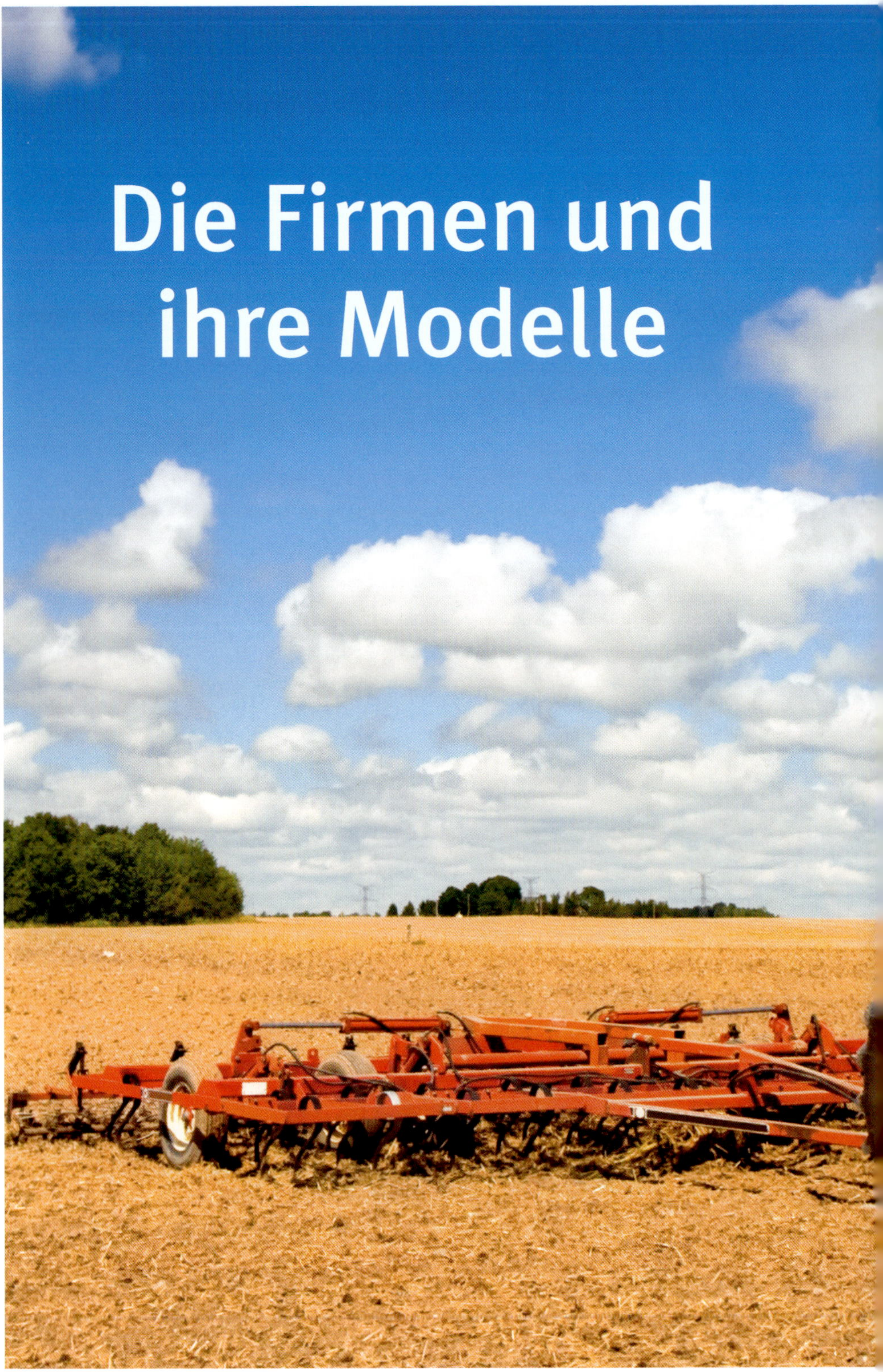

Case

Von Dreschmaschinen zu Traktoren

Im Jahr 1842 gründete Jerome Increase Case (1819–1891) ein Unternehmen zum Bau von Dreschmaschinen. 19 Jahre später begann er bereits zu expandieren: Zusammen mit drei Partnern gründete Jerome die J. I. Case & Co.

Die vier Männer – Jerome Case, Massena Erskine, Robert Baker und Stephen Bull – wurden schon bald als die „Big Four“ bekannt.

1869 konstruierte Case die erste Dampfmaschine, 1886 war Case bereits der größte Hersteller von Dampfmaschinen weltweit.

In der Nähe von Racine wurde 1913 das Case-Traktorenwerk (lange Zeit als Clausen-Werk bekannt) errichtet, in dem Traktoren mit 4-Zylinder-Benzinmotoren in verschiedenen Größen gebaut wurden, darunter auch Modelle mit Quermotoren. Gleichzeitig baute Case auch Pkw und Dampfmaschinen, deren Produktion aber 1924 eingestellt wurde.

1928 wurde das Unternehmen in J. I. Case Company umbenannt und durch zahlreiche Firmenaufkäufe kleinerer Konkurrenten erweitert.

Während des Zweiten Weltkriegs produzierte Case Kriegsmaterial, darunter Granaten, Bomben, Nachkühler für Flugzeugmotoren und Flugzeugabwehr-Lafetten. Nach dem Krieg forcierte Case wieder die Landwirtschaftsproduktion. 1958 baute Case sein Auslandsgeschäft weiter aus: Es kam zur Gründung von Tochtergesellschaften in Australien, Großbritannien und Brasilien.

1961 brachte Case den damals stärksten Traktor der Welt auf den Markt, den 4300 mit 300 PS/221 kW. 11 Jahre später erwarb Case eine Beteiligung

Case JX 80

Case CVX 175

an der Steiger Tractor Company, einem Produzenten von knickgelenkten Großtraktoren. John Steiger hatte 1957 gemeinsam mit seinen Söhnen selbst einen PS-starken Traktor für seinen Hof gebaut. Sechs Jahre später stieg das Familienunternehmen ins Traktorgeschäft ein, anfangs noch mit Erfolg, sodass die Produktion der Steigers von der Scheune des Familiensitzes in Minnesota 1969 nach Fargo, North Carolina, verlegt wurde.

1984 erwarb der Mutterkonzern von Case, Tenneco, den landwirtschaftlichen Sektor von International Harvester, der Case-Konzern wurde nun in Case IH umbenannt.

1986 wurde die finanziell erledigte Firma Steiger endgültig in den Konzern eingegliedert, seit 1988 werden Großtraktoren als Case-IH-Steiger-Traktoren auf den Markt gebracht. 1996 kam es zur Markteinführung des Case IH Steiger Quadtrac, drei Jahre später fusionierte die Case Corporation mit New Holland zur CNH-Gruppe. Die CNH-Gruppe beschäftigt mittlerweile 25 000 Mitarbeiter/-innen an 39 Fabriks- und 26 Forschungsstandorten. Europäische Case-Traktoren werden im österreichischen St. Valentin und im englischen Basildon gefertigt.

Case JX 80

Herkunftsland
USA

Max. Motorleistung (PS/kW)
80/59

Gesamtgewicht (kg)
3600

Motorgröße (ccm)
3908

Abmessungen (L/B/H) in mm
3976/1808/2188

Kleinschlepper

Die JX-Reihe bedient das Segment der Klein- und Mittelschlepper. Sie besteht aus vier Modellen zwischen 69 PS/51 kW (JX 70) und 95 PS/70 kW (JX 95). Die Modelle der Reihe sind mit verschiedenen Synchrongetrieben erhältlich, optional auch mit Kriechganggetriebe, das Minimalgeschwindigkeiten von 0,3 km/h ermöglicht. Die Maximalgeschwindigkeit für Fahrten auf Straßen liegt bei 40 km/h. Während die drei anderen Modelle der JX-Serie mit 3- bzw. 4-Zylinder-Turbomotoren angetrieben werden, steckt unter dem JX 80 ein 4-Zylinder-Saugmotor. Mit einem Minimalwendekreis von 4,1 m ist der JX 80 auch für Arbeiten in engem Terrain geeignet, das Heckhubwerk schafft 3565 kg.

Case CS Pro 100

Herkunftsland
USA

Max. Motorleistung (PS/kW)
98/72

Gesamtgewicht (kg)
4150

Motorgröße (ccm)
4397

Abmessungen (L/B/H) in mm
4215/2170/2700

Mittelschlepper

Die drei Modelle der CS-Pro-Reihe von Case leisten zwischen 82 PS/60 kW und 101 PS/74 kW und sind für die unterschiedlichsten Einsatzbereiche konzipiert. Gefertigt werden die CS im österreichischen St. Valentin, angetrieben werden sie von 4-Zylinder-Dieselmotoren mit Turbolader. Die maximale Hubkraft im CS 100 liegt beim Heck bei 4900 und bei der Front bei 2500 kg. Das Getriebe leistet 16 Vorwärts- und acht Rückwärtsgänge, die Maximalgeschwindigkeit für Straßenfahrten liegt bei 40 km/h.

Case Maxxum X 125

Herkunftsland
USA

Max. Motorleistung (PS/kW)
93/68

Gesamtgewicht (kg)
4190

Motorgröße (ccm)
6728

Abmessungen (L/B/H) in mm
4532/1913/2920

Mittelschlepper

Die Maxxum-X-Line-Baureihe besteht aus fünf Modellen zwischen 101 PS/74 kW und 141 PS/104 kW. Die vollverglaste schallgedämpfte Kabine erlaubt eine völlige Rundumsicht, eine Niedrigdachkabine ist optional. Die fünf Modelle werden mit 4- bzw. 6-Zylinder-Turbodieselmotoren ausgerüstet. Das 16×16 Semi-Powershift-Getriebe bietet einen Feld- und einen Straßenmodus und schaltet automatisch. Optional gibt es die X-Line auch mit einem 17. Gang für Straßenfahrten mit 50 km/h Spitze. Der Turn-Assistant, eine Wendehilfe, ermöglicht bei Geschwindigkeiten unter 10 km/h ein Einschlagen der Vorderräder von Anschlag zu Anschlag durch eine nur minimale Lenkbewegung. Der Wenderadius von 4,04 m ist bei einem Traktor dieser Größe äußerst gering.

Case Maxxum 140

Herkunftsland
USA

Max. Motorleistung (PS/kW)
141/104

Gesamtgewicht (kg)
4950

Motorgröße (ccm)
6728

Abmessungen (L/B/H) in mm
4532/1913/2920

Mittelschlepper

Die Maxxum-Serie besteht aus sechs Modellen zwischen 112 PS/82 kW und 141 PS/104 kW. Die Traktoren der Reihe werden von Case-IH-Common-Rail-Dieselmotoren angetrieben, alle sind mit Turbolader und Ladeluftkühler sowie elektronischer Motorsteuerung ausgestattet. Der Heckkraftheber schafft 7864 kg, das Fronthubwerk 3700 kg.

Case CVX 195

Herkunftsland
USA

Max. Motorleistung (PS/kW)
196/144

Gesamtgewicht (kg)
6770

Motorgröße (ccm)
6600

Abmessungen (L/B/H) in mm
4766/2490/3000

Großschlepper

Mit der CVX-Reihe betrat Case das Segment der Großschlepper. Die fünf Modelle leisten zwischen 140 PS/103 kW und 196 PS/144 kW, die maximale Hubkraft liegt bei 9900 kg im Heck und 4000 kg in der Front. Die Motoren sind 6,6-l-Turbodiesel mit Intercooler und elektronischem Einspritzsystem. Das automatische Produktivitätsmanagement (APM) erkennt die Fahrstrategie und passt Motordrehzahl und Übersetzungsverhältnis entsprechend an, sodass die Maschine bei optimaler Leistung wirtschaftlich arbeitet. Bei Straßenfahrten beispielsweise stellt das APM die Motordrehzahl auf den wirtschaftlichsten Kraftstoffverbrauch ein, während bei Feldeinsätzen mit Zapfwellenarbeiten eine konstante Zapfwellendrehzahl im Vordergrund steht.

Case Puma 210

Herkunftsland
USA

Max. Motorleistung (PS/kW)
213/157

Gesamtgewicht (kg)
6850

Motorgröße (ccm)
6700

Abmessungen (L/B/H) in mm
5017/2682/3089

Großschlepper

Die vier Modelle der Großschlepperreihe Puma bewegen sich im Leistungssegment von 167 PS/123 kW bis 213 PS/157 kW. Die hauseigenen Motoren sind 6,7-l-Turbodiesel mit Ladeluftkühler und Vierventiltechnik, das Getriebe hat wahlweise 16 x 8 oder 17 x 8 Gänge für Straßenfahrten mit 50 km/h. Das von Case entwickelte automatische Führungssystem AccuGuide erspart dem Landwirt während seiner Arbeit am Feld das Lenken. In Verbindung mit der D-GPS-Technik garantiert dieses System parallele Durchgänge beim Arbeiten in geraden Linien, Kurven, Winkeln oder auf welligem Gelände.
Die Hubwerte des Puma sind durchaus imposant: Sie betragen 8650 kg am Heck und 3900 kg an der Front.

Case STX 435

Herkunftsland
USA

Max. Motorleistung (PS/kW)
478/352

Gesamtgewicht (kg)
17 191

Motorgröße (ccm)
12 900

Abmessungen (L/B/H) in mm
o. A.

Großschlepper

Die größten Traktoren von Case werden noch heute in Fargo, North Carolina, produziert. 1986 übernahm die damalige Case-Mutter Tenneco den finanzmaroden Großtraktorenhersteller Steiger und gliederte diesen in den Konzern ein. Der Name Steiger wurde aber beibehalten. An den Steigern ist alles enorm; das kleinste Modell der Reihe mit 325 PS/239 kW (STX 325) hat einen 9-l-Motor, die größte Version, der 535 mit einer Maximalleistung von 602 PS/443 kW, hat einen 15-Liter-Motor von Cummins.

Case STX 535 Quadtrac

Herkunftsland
USA

Max. Motorleistung (PS/kW)
597/439

Gesamtgewicht (kg)
23 133

Motorgröße (ccm)
14 900

Abmessungen (L/B/H) in mm
o. A.

Großschlepper

Der Steiger wird als Knicklenker oder als Quadtrac, als Raupentraktor mit vier unabhängigen Raupensystemen, angeboten. Das Vierraupensystem Quadtrac wurde bereits 1996 entwickelt und verringert die Bodenbelastung bei gleichzeitig besserer Traktion und Bodenanpassung. Ein Quadtrac-Traktor kann bei voller Leistung und unter Last wenden, was bei Systemen mit zwei Fahrwerken nicht möglich ist, da bei ihnen beim Wenden die Leistungsabgabe an die Fahrwerke variiert. Der Quadtrac ist daher auf welligem Gelände oder bei Arbeiten an Hängen effizienter, da beim Wenden keine zusätzliche Leistung benötigt wird. Mit dem Steiger hält Case außerdem den Weltrekord beim 24-Stunden-Dauerpflügen.

Challenger

Ein neuer Name für alte Raupen

Ende des 19. Jahrhunderts begannen die beiden Pioniere der Raupentechnik, die Amerikaner Benjamin Holt und Daniel Best, unabhängig voneinander, Dampftraktoren für die Landwirtschaft zu konstruieren. Die weichen Böden, die die schweren Dampftraktoren oftmals einsinken ließen, brachten Holt auf die Idee, anstelle von Rädern Laufbänder einzusetzen. 1904 testete Holt seinen ersten Raupentraktor mit Erfolg, wenige Jahre später nannte er seine Firma Caterpillar (das englische Wort für Raupe). Daniel Best zog 1913 mit einem ersten Raupentraktor, dem CLB, nach. 1925 fusionierten die beiden Firmen zur Caterpillar Tractor Co, die sich zum größten Hersteller von Baumaschinen entwickeln sollte.

Zwei Entwicklungen trugen wesentlich zum frühen Erfolg der Caterpillar Tractor Co bei: die Einführung des Dieselmotors 1931 und die Erfindung des geschmierten, abgedichteten Laufbands. Der Dieselmotor verlieh den Maschinen mehr Motorleistung als je zuvor und senkte gleichzeitig die Betriebskosten. Das geschmierte, abgedichtete Laufband trug zur Kostensenkung bei der Laufwerkswartung bei. Dabei würde der Laufbandbolzen durchgängig von einem abgedichteten Schmiermittel überzogen, wodurch sich die Berührung von Metallflächen sowie der Verschleiß an Zapfen und Buchse verringerten.

Bis 2002 stellte Caterpillar auch Raupentraktoren für die Landwirtschaft her.

Sie stehen fast als Synonym für Raupentraktor – die Traktoren von Challenger. Im Bild ein MT 865B.

Der RoGator wird als Spezialgerät für große Reihenkulturen eingesetzt. Im Bild ein RoGator 1074.

Seit 1963 baute die Ag-Chem Equipment Company spezialisierte Spritzmaschinen für die Landwirtschaft. 1973 kam mit dem dreirädrigen Terra-Gator 1253 ein legendäres Ausbringungsfahrzeug auf den Markt. Rund 20 Jahre später wurde mit dem RoGator, einer selbstfahrenden Fahrgassenspritze, ein Spezialgerät für Reihenkulturen präsentiert.

1997 expandierte die Challenger-Mutter Caterpillar durch den Kauf des englischen Motorenbauers Perkins Engines. Der Kauf dieses Unternehmens sowie des deutschen Unternehmens MaK Motoren machte aus Caterpillar den weltweit führenden Produzenten von Dieselmotoren.

2001 wurde die Ag-Chem von der AGCO-Gruppe übernommen, ein Jahr später wurde von AGCO der Challenger ins Leben gerufen – ein Raupentraktor, unter der Lizenz von Caterpillar, das sich aus dem Traktorengeschäft zurückzog, aber weiterhin die Motoren für Traktoren herstellte.

Derzeit werden die Challenger-Traktoren in vier Werken produziert: in zwei Werken in Brasilien, in einem Werk in Beauvais in Frankreich sowie im Stammwerk in Jackson, Minnesota, USA.

Das Werk in Beauvais ist das größte Traktorenwerk in Frankreich, 800 000 Radtraktoren sind seit Bestehen des Werkes gefertigt worden. Die Raupentraktoren werden im Stammwerk in Jackson, aber auch im brasilianischen Werk Canoas, dem größten Traktorenwerk in Lateinamerika, gefertigt.

Neben Case ist auch Challenger Weltrekordhalter im Dauereinsatz. Der MT 875B hält den Rekord im 24-Stunden-Scheibeneggen.

Challenger MT 975B

Herkunftsland
USA

Max. Motorleistung (PS/kW)
570/419

Gesamtgewicht (kg)
27 000

Motorgröße (ccm)
18 100

Abmessungen (L/B/H) in mm
7569/5077/3835

Großschlepper

Berühmt sind die Traktoren von Challenger zwar durch ihre Raupen, die Firma stellt aber auch Radtraktoren her und hat durch die Einführung eines Riesenknicklenkers für Aufsehen gesorgt: Die Modellreihe 900B besteht aus vier Modellen im Leistungsspektrum von 430 PS/316 kW bis 570 PS/419 kW. Das Flaggschiff der Reihe, der MT 975B, wird von einem Cat C18 Acert-Motor angetrieben und erreicht eine Straßengeschwindigkeit von 39,6 km/h. Der maximale Leistungswert liegt bei 610 PS/449 kW, das Caterpillar-Powershift-Getriebe hat 16 Vorwärts- und vier Rückwärtsgänge. Auch die Leistung der Hydraulik ist enorm: Standardmäßig schafft die Pumpe 164 l/min, optional sind auch Pumpen mit 223 l/min zu haben. Mit dem 975B produziert Challenger den größten und stärksten Knicklenker der Welt. Der Riese soll bis zu 60 t schleppen können.

Challenger MT 465B

Herkunftsland
USA

Max. Motorleistung (PS/kW)
115/85

Gesamtgewicht (kg)
4020

Motorgröße (ccm)
4400

Abmessungen (L/B/H) in mm
4300/1518/2770

Mittelschlepper

Challenger kann es auch bescheidener – das zeigen zumindest die „normalen" Traktoren im Bausegment der Firma. Die 400B-Reihe besteht aus vier Modellen zwischen 83 PS/61 kW und 115 PS/85 kW, die von 4-Zylinder-Caterpillar-Turbo-Dieselmotoren angetrieben werden. Das Getriebe hat 16 Vorwärts- und 16 Rückwärtsgänge und ermöglicht Geschwindigkeiten von 2,5 bis 40 km/h. Optional stehen noch ein Kriechgang bzw. ein Superkriechganggetriebe zur Verfügung, das die Minimalgeschwindigkeit auf 12 m in der Stunde reduziert. Das Heckhubwerk schafft 5000 kg, optional ist eine Erweiterung der Hebefähigkeit auf 6000 kg möglich.

Challenger MT 665B

Herkunftsland
USA

Max. Motorleistung (PS/kW)
290/213

Gesamtgewicht (kg)
9050

Motorgröße (ccm)
8400

Abmessungen (L/B/H) in mm
5240/2550/3140

Großschlepper

Die vier Modelle der 600B-Reihe werden von Challenger-74-CTA- bzw. 84-CTA-6-Zylinder-Turbodieselmotoren angetrieben und leisten zwischen 215 PS/158 kW und 290 PS/213 kW. Das stufenlose CVT-Getriebe ist in zwei Fahrbereiche aufgeteilt und ermöglicht Feldgeschwindigkeiten von 0,03 bis 28 km/h im Vorwärts- und 0,03 bis 16 km/h im Rückwärtsgang. Für Straßenfahrten sind Geschwindigkeiten von bis zu 50 km/h im Vorwärts- und 38 km/h im Rückwärtsgang fahrbar. Das Heckhubwerk schafft beeindruckende 10,5 t, optional sind Fronthubwerke mit 3500 oder 5000 kg zu haben.

Challenger MT 765B

Herkunftsland
USA

Max. Motorleistung (PS/kW)
320/235 kW

Gesamtgewicht (kg)
o. A.

Motorgröße (ccm)
8800

Abmessungen (L/B/H) in mm
3989/2794/3592

Großschlepper

Die beiden Baureihen 700B und 800B sind die „klassischen" Challenger-Raupentraktoren. Die 700er-Reihe wird in drei Modellen im Leistungsspektrum zwischen 269 PS/198 kW und 320 PS/235 kW angeboten, der Motor ist ein Cat C9 Acert Diesel. Das Hubwerk schafft beim 765B gigantische 12 t. Das Power Management System wechselt Gänge und Motordrehzahlen automatisch, um die größtmögliche Produktivität und Auslastung der Maschine zu erreichen. Das 16/4-Getriebe ermöglicht Feldgeschwindigkeiten von 4,2 bis 15 km/h, die maximale Straßengeschwindigkeit liegt bei 39,6 km/h.

Challenger MT 875B

Herkunftsland
USA

Max. Motorleistung (PS/kW)
600/441

Gesamtgewicht (kg)
o. A.

Motorgröße (ccm)
18100

Abmessungen (L/B/H) in mm
6754/3962/3657

Großschlepper

Mit den 800er-Raupentraktoren repräsentiert Challenger die Königsklasse unter den Landmaschinen. Im Prinzip beginnt die 800er-Reihe dort, wo die 700er aufhören: Fünf Modelle stehen zur Verfügung, welche von riesigen 15,2- bzw. 18,1-l-Motoren angetrieben werden und das Leistungssegment von 350 PS/257 kW bis maximal 600 PS/441 kW abdecken. Das Getriebe ermöglicht 16 Vorwärts- und vier Rückwärtsgänge mit Geschwindigkeiten von 2,7 bis 39,7 km/h. Das lenkbare Heckhubwerk schafft gigantische 14 t, die Hydraulikpumpleistung liegt wie beim 900er-Knicklenker bei 166 l/min, wobei optional auch 223 l/min leistbar sind.

Claas

Weiß-grüne Mähdrescher und Traktoren aus Westfalen

1887 gründete Franz Claas sen. eine kleine Fabrik zur Herstellung von Milchzentrifugen und erweiterte zur Jahrhundertwende sein Angebot durch die Erzeugung von Strohbindern.

1913 übernahm August Claas das Unternehmen seines Vaters, ein Jahr darauf gründete er gemeinsam mit seinen Brüdern Franz jun. und Bernhard die Firma Gebrüder Claas. 1919 übersiedelte das Unternehmen nach Harsewinkel in Westfalen, wo sich der Firmensitz noch heute befindet. 1930 begann Claas zusammen mit Professor Karl Vormfelde mit der Entwicklung eines für europäische Ernteverhältnisse geeigneten Mähdreschers, vier Jahre später verließ die erste Claas-Pick-Up-Ballenpresse das Werk.

1953 produzierte Claas den ersten selbstfahrenden Mähdrescher, den Herkules.

Die Claas-Mähdrescher verkauften sich so gut, dass bereits 1962 der 100 000. Mähdrescher das Werk in Harsewinkel verlassen konnte.

In den späten 1950ern und den 1960ern expandierte Claas. Es entstanden Werke in Paderborn, im französischen Metz sowie, durch die Übernahme der Landmaschinenfabrik Josef Bautz, in Saulgau.

1973 wurde der erste selbstfahrende Feldhäcksler produziert, 1976 wurde die erste Claas-Rundballenpresse auf den Markt gebracht. 1980 gründete Claas für den britischen Markt eine eigene Vertriebsgesellschaft.

Aus Orange wurde Hellgrün – durch den Aufkauf von Renault Agriculture begann der westfälische Landmaschinenhersteller mit der Produktion von Traktoren.

Claas, das Unternehmen aus Harsewinkel, ist mit Mähdreschern, Häckslern und Landmaschinen berühmt geworden. In die Traktorenproduktion ist die Firma erst im 21. Jahrhundert eingestiegen. Im Bild ein Herkules aus dem Jahr 1953.

1995 schaffte das Unternehmen mit dem Bau der Lexion-Reihe die Produktion des leistungsstärksten Mähdreschers der Welt (40 t Getreide/Stunde), vier Jahre später baute Claas ein eigenes Mähdrescherwerk in den USA, in Omaha. Claas expandierte aber auch in den Osten: 1997 wurde ein Werk in Ungarn gekauft, 2003 wurde ein Investitionsabkommen mit der russischen Region Krasnodar zum Bau eines eigenen Mähdrescherwerkes getroffen. Im selben Jahr stieg Claas durch den Erwerb der Mehrheit von Renault Agriculture ins Traktorgeschäft ein und die orangen Renaults wurden durch Traktoren im typischen grün-weißen Claas-Design ersetzt. 2005 wurde die Traktorreihe Ares 500/600 eingeführt, 2006 der Axion und 2007 der Xerion Saddle-Trac. Die Claas-Gruppe beschäftigt in ihren Niederlassungen in Europa, den USA und Indien knapp 8500 Mitarbeiterinnen und Mitarbeiter. Der Jahresumsatz 2007 betrug mehr als 2,5 Milliarden Euro.

Neben der Produktion von Landmaschinen fördert die Claas-Gruppe auch die Forschung. So wurde 1999 die Claas-Stiftung von Helmut Claas ins Leben gerufen. Diese hat es sich zur Aufgabe gemacht, Entwicklungen in Landwirtschaft und -technik zu fördern. So vergibt die Stiftung Forschungsaufträge und unterstützt Diplomantinnen und Diplomanten weltweit. Außerdem werden herausragende Projekt- oder Studienarbeiten im agrartechnischen sowie im allgemeinen ingenieurwissenschaftlichen und betriebswirtschaftlichen Bereich mit dem jährlich vergebenen Helmut-Claas-Preis prämiert.

Claas Nectis 227VE

Herkunftsland
Deutschland
Max. Motorleistung (PS/kW)
68/50
Gesamtgewicht (kg)
2640
Motorgröße (ccm)
3364
Abmessungen (L/B/H) in mm
3960/1030/2300
Kleinschlepper

Der Nectis, ein Kleintraktor für den Obst- und Weinanbau, wurde von Agrar-Journalisten zum Traktor des Jahres 2006 in der Kategorie „Spezialtraktoren" gekürt. Er wird in drei verschiedenen Versionen mit insgesamt 11 unterschiedlichen Modellen produziert. Der Motor ist je nach Modell entweder ein 3- bzw. 4-Zylinder-Turbodiesel. Das mechanische 12/12-Wendegetriebe ermöglicht Geschwindigkeiten von 0,5 bis 30 km/h. Der Wenderadius des Nectis ist mit gerade einmal 3,6 m äußerst gering, mit einer Breite von knapp 1 m bei entsprechender Bereifung kann der Nectis auch in den engsten Zellen eines Weinberges manövrieren.

Claas Ares 557ATZ

Herkunftsland
Deutschland
Max. Motorleistung (PS/kW)
104/76
Gesamtgewicht (kg)
4820
Motorgröße (ccm)
4525
Abmessungen (L/B/H) in mm
4720/o. A./2905
Mittelschlepper

Der Ares 500 ist ein Allround-Traktor mit einer großflächigen Kabinenverglasung für eine Rundumsicht von 320°. Beim 500 ATZ ist die schallgedämpfte Kabine (73 Dezibel) auf vier Federelementen befestigt, um die Erschütterungen während des Arbeitseinsatzes zu reduzieren. Unter der Motorhaube steckt ein 4,5-l-4-Zylinder mit Turbolader, das 24/24-Hexashift-Getriebe lässt sich entweder per Knopfdruck oder optional automatisch schalten. Der Wenderadius liegt trotz seiner Länge bei geringen 4,4 m, die Arbeitsgeschwindigkeiten liegen zwischen 0,4 und 40 km/h. Der Heckkraftheber schafft an den Koppelpunkten eine maximale Hubkraft von 6,5 t.

Claas Arion 610

Herkunftsland
Deutschland

Max. Motorleistung (PS/kW)
125/92

Gesamtgewicht (kg)
5720

Motorgröße (ccm)
6788

Abmessungen (L/B/H) in mm
5155/o. A./3005

Mittelschlepper

Mit dem Arion stieß Claas in die Klasse der Großschlepper vor. Die acht verschiedenen Modelle sind mit 4- bzw. 6-Zylinder-Turbomotoren ausgestattet und leisten zwischen 117 PS/86 kW und 180 PS/132 kW. Das 24/24-Gang-Getriebe schafft Geschwindigkeiten von 0,38 bis 40 bzw. 50 km/h. Der Arion ist optional mit GPS ausgestattet, was Spurgenauigkeiten von 2 bis 3 cm ermöglicht, oder aber mit dem Eye-Drive-System, einer 3D-Kamera im Frontaufbau des Traktors. Anhand der Kamera kann der Traktor Pflanzenreihen, Fahrgassen, Dämmen und Schwaden folgen. Auch beim Arion ist die Fahrerkabine auf vier Federsysteme aufgehängt, um Erschütterungen zu reduzieren. Die Heckhubkraft liegt beim Arion 610 bei 6,5, beim Modell 630c bei 6,9 t. Das maximal zulässige Gesamtgewicht (kg) beträgt beim Arion 610 8800 kg und beim 630c beeindruckende 11 000 kg.

Claas Arion 630c

Herkunftsland
Deutschland

Max. Motorleistung (PS/kW)
150/110

Gesamtgewicht (kg)
6220

Motorgröße (ccm)
6788

Abmessungen (L/B/H) in mm
5155/o. A./3055

Mittelschlepper

Claas Xerion 3800

Herkunftsland
Deutschland

Max. Motorleistung (PS/kW)
379/279

Gesamtgewicht (kg)
10 200

Motorgröße (ccm)
8804

Abmessungen (L/B/H) in mm
6630/2490/3720

Großschlepper

Mit dem Xerion ist Claas in die Produktion von „Tracs", Traktoren mit vier gleich großen Reifen, eingestiegen. Die Vorteile der Tracs liegen in der Verringerung des Bodendrucks und in reduziertem Schlupf. Der Xerion ist in Vollrahmenbauweise gefertigt, Front- und Heckhubwerk sind in den Rahmen integriert und heben Lasten von 8,2 t in der Front und 11,7 t im Heck. Der Motor ist ein 8,8-l-6-Zylinder von Cat, ein permanenter Allradantrieb und eine Vierradlenkung sorgen für einen relativ kleinen Wendekreis von 12 m. Beim Xerion gibt es keine Rückfahrteinrichtung, die gesamte Kabine lässt sich in weniger als 30 Sekunden um 180° drehen und ermöglicht so ideale Sicht bei Heckarbeiten.

Claas Xerion S-Trac

Herkunftsland
Deutschland

Max. Motorleistung (PS/kW)
335/246

Gesamtgewicht (kg)
10 200

Motorgröße (ccm)
8800

Abmessungen (L/B/H) in mm
6630/2490/3930

Großschlepper

Beim Xerion S-Trac ist die Kabine über den Motor vorverlegt, sodass der hintere Teil (Saddle) für unterschiedliche Aufbauten wie zum Beispiel Gülletanks u. Ä. frei ist. Die Vollrahmenbauweise lässt außerdem höhere Fahrzeuggewichte zu. Von Haus aus liegt das Leergewicht bei 10,2 t, im Feldeinsatz sind allerdings mit Aufbauten bis zu 30 t möglich.

Claas Arion 460

Herkunftsland
Deutschland

Max. Motorleistung (PS/kW)
140/104

Gesamtgewicht (kg)
5100

Motorgröße (ccm)
4500

Abmessungen (L/B/H) in mm
4444/o.A./2765

Mittelschlepper

Die Claas Arion-400-Baureihe umfasst sechs Modelle: vom Arion 410 bis zum 460, erhältlich von 90 bis 140 PS. Mit ihrer kompakten Bauweise sind sie für vielfältige Anforderungen geeignet und zeichnen sich durch extreme Stabilität und Wendigkeit aus. Der lange Radstand sorgt für Laufruhe und Zugkraft. Der Arion 460 verfügt – ebenso wie die anderen Modelle – über einen 4-Zylinder-FPT-Motor mit Common-Rail-Einspritzung. Aufgrund des Quadrishift-Lastschaltgetriebes können die 16 Gänge ohne Kupplungspedal geschaltet werden. Die Höchstgeschwindigkeit beträgt bei allen Modellen 40 km/h, die Mindestgeschwindigkeit 2,04 km/h (0,14 km/h im Kriechgang). Was die Kabinen betrifft, so stehen vier Varianten zur Auswahl, u.a. eine Niedrigdachkabine und eine Kabine mit Panoramasicht.

Claas Axion 850

Herkunftsland	Deutschland
Max. Motorleistung (PS/kW)	264/194
Gesamtgewicht (kg)	8700
Motorgröße (ccm)	6728
Abmessungen (L/B/H) in mm	5262/o.A./3215
Großschlepper	

Der Axion 850 wurde 2014 zum „Tractor of the year" gewählt. Er entspricht im Prinzip dem Axion 900, ist aber eine Leistungsklasse niedriger angesiedelt. Auch vom Design her kann man die beiden auf den ersten Blick kaum unterscheiden. Serienmäßig ist er mit Hexashift-Getriebe mit 6 Lastschaltstufen und 4 Gruppen ausgestattet. Der FPT-6-Zylinder-Motor erfüllt die seit 2014 gültige Abgasstufe IV. Der Axion 800 hat keinen Boost mehr, das bedeutet, dass immer die volle Motorleistung zur Verfügung steht. Die Höchstgeschwindigkeit beträgt 40-50 km/h, die Mindestgeschwindigkeit 1,70 km/h (0,44 km/h im Kriechgang).

Claas Axion 950

Herkunftsland	Deutschland
Max. Motorleistung (PS/kW)	410/302
Gesamtgewicht (kg)	13060
Motorgröße (ccm)	8710
Abmessungen (L/B/H) in mm	5744/o.A./3452
Großschlepper	

Mit der Baureihe Axion 900 hat Claas die Lücke zwischen dem Axion 800 und den Systemtraktoren Xerion geschlossen. Mit dem 410 PS starken 6-Zylinder-FPT-Motor, 8,7 l Hubraum und Common-Rail-Einspritzung ist der Axion 950 einer der stärksten Standardschlepper der Welt. Beim Getriebe greift Claas auf die bereits im Xerion bewährte stufenlose ZF-Ec-com-Baureihe zurück. Ganz neu entwickelt wurde die Vier-Pfosten-Kabine: Sie basiert auf der bewährten Vier-Punkt-Federung und bietet einen geräumigen Aufstieg, viel Platz und vor allem eine sehr gute Sicht.

Deutz-Fahr

Vom rechten Rheinufer aus wird die Welt motorisiert

Nikolaus August Otto und Eugen Langen gründeten 1864 eine Fabrik für die Herstellung von Motoren, die sie ab 1872 „Gasmotoren-Fabrik Deutz AG" nannten. 1876 gelang Otto die Herstellung eines für alle Kraftstoff- und Verwendungsarten tauglichen „Viertaktmotors", der als „Ottomotor" Geschichte schrieb. Der erste Dieselmotor wurde 1898 in Deutz konstruiert, ab 1908 konstruierte die Deutz AG Personenwagen unter der Leitung von Ettore Bugatti. Dieser verließ jedoch ein Jahr später bereits wieder Köln, um sich selbstständig zu machen.

Während des Ersten Weltkriegs baute die Deutz AG Schlepper für die kaiserliche Artillerie, nach dem Krieg entwickelten sie Forstschlepper. Der erste richtige Traktor, der MTH 222, wurde 1926 herausgebracht. 1930 fusionierte die Deutz-AG mit der „Maschinenbauanstalt Humboldt AG", 1938 wurde der Firmenname in „Klöckner-Humboldt-Deutz AG" geändert.

Zwei Jahre früher, 1936, brachte Deutz mit dem F1M414 einen legendären „Bauernschlepper" auf den Markt.

Gegen Ende des Zweiten Weltkriegs kam die Produktion durch die schweren Bombardements auf Köln beinahe zum Erliegen, Traktoren wurden auf der rechten Rheinseite erst ab 1950 wieder gebaut. Ein Jahr nach Wiederaufnahme konnte der 50 000. Deutz-Schlepper seit Produktionsbeginn 1926

Der F1M414 war ein einzylindriger Viertakter mit 11 PS/ 8 kW. Er war vor allem für kleinere Landwirtschaften konzipiert worden.

Deutz begann erst fünf Jahre nach Ende des Zweiten Weltkriegs wieder mit der Traktorproduktion. Ab 1951 wurden alle Deutz-Traktoren nur noch mit Dieselmotoren betrieben.

das Werk verlassen. Seit 1951 werden alle Deutz-Schlepper mit luftgekühlten Dieselmotoren angetrieben.

Im Jahr 1968 erwarb Deutz die Mehrheit an der „Maschinenfabrik Fahr AG", zwei Jahre später erfolgte die endgültige Übernahme.

In den 1980er-Jahren versuchte Deutz den Sprung nach Übersee. Zwar wurden schon seit den 1960er-Jahren Deutz-Traktoren auch in die USA exportiert, nun ergab sich aber die Möglichkeit, durch den Kauf der Traktorenfirma Allis-Chalmers massiv zu expandieren und das bestehende Händlernetz von Allis

zu nutzen. Das amerikanische Abenteuer endete aber 1990 durch den Erwerb von Deutz-Allis durch die AGCO-Gruppe. Im selben Jahr stellte Deutz-Fahr mit dem AgroXtra einen „Freisicht-Traktor" vor. Fünf Jahre später wurde der erste Agrotron präsentiert, mit stark abgeschrägter Motorhaube für bessere Sicht und völlig neu entwickelten wassergekühlten Dieselmotoren.

1995 kam Deutz-Fahr allerdings in italienische Hände. SAME kaufte den deutschen Traditionshersteller auf, ließ aber sowohl die Marke als auch die Produktion am Leben, sodass die grünen Traktoren, die indirekt auf den Motorpionier Nikolaus August Otto zurückgehen, noch heute auf den Feldern unterwegs sind.

Und es wäre wirklich schade drum: Der Erfolg der Deutz-Traktoren-Spezialisten wird durch entsprechende Rekordzahlen belegt: Bereits 1992 lief der 1 000 000. Traktor vom Band. Bis heute sind weltweit schon über 500 000 Deutz-Fahr-Traktoren im Einsatz. Davon fast 320 000 allein in Deutschland, womit sich das Heimatland von Nikolaus Otto sehr traditionsverbunden zeigt. Mit dem Agroton TTV stellte Deutz-Fahr im Jahr 2001 eine neue Traktorengeneration mit stufenlosem Getriebe und einem ganz neuen Bedienungskonzept vor. Das bisherige Meisterstück mit Leistungen von 125 PS/ 92 kW bis zu 150 PS/110 kW zeichnete sich durch seine einfache Bedienung und das nahezu verlustfreie Antriebskonzept aus! Das Unternehmen hat sich längst als eine der langlebigsten Traktormarken der Welt etabliert!

Deutz-Fahr Agrofarm

Herkunftsland
Deutschland

Max. Motorleistung (PS/kW)
96/71

Gesamtgewicht (kg)
3700

Motorgröße (ccm)
4038

Abmessungen (L/B/H) in mm
3950/o. A./2808

Mittelschlepper

Die Agrofarm-Baureihe von Deutz ist der typische Traktor für Grünland-, Pflege- und Hofeinsätze und bietet besondere Pluspunkte in der kompakten Mittelklasse: hohe Flexibilität, einen niedrigen Schwerpunkt und große Wendigkeit. Dazu kommen noch große Übersichtlichkeit, Handlichkeit sowie höchste Wirtschaftlichkeit und Produktivität. Es handelt sich also um eine universelle Traktoren-Baureihe, die sehr praxisgerecht ausgestattet ist. Bestückt mit den wirtschaftlichen, zuverlässigen Deutz-Motoren, eignet sie sich vor allem für Neben-, aber auch für Haupterwerbsbetriebe. Die verschiedenen Kabinendachvarianten und die daraus resultierende niedrige Bauhöhe machen diese Baureihe auch für kleine Stalleinfahrten und enge Betriebe sehr geeignet. Mit dem praxisgerechten Getriebeangebot und einer professionellen Hydraulikanlage ist der Agrofarm damit ein echtes Universaltalent.

Deutz-Fahr Agroplus F

Herkunftsland
Deutschland

Max. Motorleistung (PS/kW)
95/70

Gesamtgewicht (kg)
2740

Motorgröße (ccm)
4000

Abmessungen (L/B/H) in mm
2210/ 3765/ 1160/

Mittelschlepper

Der Agroplus F ist ein wendiger, kompakter und vielseitiger Traktor mit einer erstklassigen technischen Ausstattung. Die Motoren sind elektronisch geregelt, die Motordrehzahl bei 40 km/h Höchstgeschwindigkeit reduziert und das Getriebe mit Powershuttle ausgestattet. Dadurch spart der Agroplus F Kraftstoff, Zeit und somit Geld. Der robuste und kompakte Traktor ist ideal für Grünlandbetriebe und den Obstanbau. Mit einer minimalen Außenbreite von nur 116 cm, einem maximalen Einschlagwinkel von 60° und einer Höhe mit der Komfortkabine von nur 2,11 m passt er praktisch in jeden Stall. Die Hubkraft beträgt 3,0 t hinten und 1,5 t vorne, bis zu sechs Zusatzsteuergeräte machen den Agroplus F auch für Kommunen interessant.

Deutz-Fahr Argolux

Herkunftsland
Deutschland

Max. Motorleistung (PS/kW)
67/49

Gesamtgewicht (kg)
2560

Motorgröße (ccm)
3000

Abmessungen (L/B/H) in mm
3635/2180/2340

Kleinschlepper

Es handelt sich beim Agrolux um eine universelle Traktoren-Baureihe, die sehr praxisgerecht und mit wirtschaftlichen, zuverlässigen Dieselmotoren ausgestattet ist. Dieser Traktor ist sehr kompakt in den Abmessungen und wendig im täglichen Einsatz. Mit dem Agrolux 57/67 setzt Deutz-Fahr auf bewährte Technik, eine optimal auf den Einsatzbereich abgestimmte Ausstattung und ein zweckmäßiges, modernes Design. Als Plattformschlepper bietet er alle Vorzüge eines vielseitigen und wendigen Schleppers für Hof, Stall und leichte Feldarbeiten. Bemerkenswert sind die schwenkbaren Kotflügel vorne, die einen Lenkeinschlag von beeindruckenden 50° auch bei großer Bereifung auf der Vorderachse ermöglichen. Der Wenderadius beträgt gerade einmal 3,60 m!

Deutz-Fahr Agroplus S

Herkunftsland
Deutschland

Max. Motorleistung (PS/kW)
95/70

Gesamtgewicht (kg)
2700

Motorgröße (ccm)
4000

Abmessungen (L/B/H) in mm
3706/1580/2105

Mittelschlepper

Der Agroplus S ist ein kompakter Spezialtraktor für Sonderkulturen und Aufgaben der Landschaftspflege im Kommunalbereich.

Er ist wendig und sehr schmal gebaut, dadurch ist er der ideale Schmalspurtraktor für den Wein- und Obstbau. In diese Traktorenbaureihe wurde die reiche Erfahrung von über 75 Jahren Technologieführerschaft in der Landmaschinenindustrie eingearbeitet. Sie ist mit elektronisch geregelten Motoren, einer leistungsstarken Hydraulikanlage und bis zu sechs Zusatzsteuergeräten sowie einem Getriebe mit Stop&Go-Funktion und Powershuttle ausgestattet.

Deutz-Fahr Agrotron K

Herkunftsland
Deutschland

Max. Motorleistung (PS/kW)
130/96

Gesamtgewicht (kg)
4440

Motorgröße (ccm)
4038

Abmessungen (L/B/H) in mm
4139/o. A/2630

Mittelschlepper

Beim Agrotron K handelt es sich um einen idealen Allroundtraktor für alle landwirtschaftlichen Betriebe. Er ist mit wirtschaftlichen, leistungsstarken und elektronisch geregelten Deutz-Motoren der neuesten Generation ausgestattet. Das leicht zu schaltende Dreifach-Lastschaltgetriebe mit elektrohydraulischer Komfortkupplung und Powershuttle bietet abgestufte Geschwindigkeiten bei allen Einsätzen. Der Agrotron K verfügt über vier serienmäßige Drehzahlen (540, 540 E, 1000, 1000 E), welche die Einsatzfähigkeit und Produktivität erhöhen und gleichzeitig den Kraftstoffverbrauch senken.

Die Kabine des Agrotron K bietet dem Fahrer eine sehr gute Rundumsicht, ergonomische Bedienelemente und sehr viel Bewegungsfreiheit.

Deutz-Fahr Agrotron M

Herkunftsland
Deutschland

Max. Motorleistung (PS/kW)
192/141

Gesamtgewicht (kg)
6750

Motorgröße (ccm)
6057

Abmessungen (L/B/H) in mm
4807/2720/3127

Großschlepper

Die Agrotron-Baureihe von Deutz-Fahr umfasst insgesamt 15 Modelle, dazu zahlreiche Ausstattungs- und Ausrüstungsvarianten. Bemerkenswert sind die Großraum-Panoramakabine und die sparsamen Hightech-6-Zylinder Deutz-Turbodiesel-Motoren. Bei der Höchstgeschwindigkeit von 50 km/h dreht der Motor nur 2100 U/min – bei 40 km/h sind es sogar nur 1680 U/min, was sehr kraftstoffsparend und lärmreduzierend ist.

Die beiden Modelle M 640 und M 650 sind serienmäßig mit einer externen Rückführung gekühlter Abgase zurück in den Brennraum ausgestattet und somit schadstoffarm. Auf einen möglichst geringen Geräuschpegel wurde bei der Konstruktion des Agrotron M besonderes Augenmerk gelegt.

Deutz-Fahr Agrotron TTV

Herkunftsland
Deutschland

Max. Motorleistung (PS/kW)
169/124

Gesamtgewicht (kg)
6225

Motorgröße (ccm)
6057

Abmessungen (L/B/H) in mm
4757/2500/2997

Großschlepper

Mit über 50 000 Einheiten und einer Vielzahl von Varianten und Ausstattungsmöglichkeiten zählt die Agrotron-Baureihe von Deutz-Fahr zu den meistgebauten Traktoren in Europa. Besonders erwähnenswert sind das Kabinenkonzept und die Einfachheit der Bedienung. Trotz der Leistungsklasse ist ein einfaches und stufenloses Arbeiten möglich. Bereits nach wenigen Stunden Praxis ist eine intuitive Bedienung der Funktionen kein Problem mehr. Der Fahrer kann individuell programmieren und Automatikfunktionen nutzen, um seine Arbeit zu erleichtern und wirtschaftlicher zu machen. Damit wird mit dem Agrotron TTV sehr rasch ein komfortables und wirtschaftliches Arbeiten möglich.

Deutz-Fahr Agrotron X

Herkunftsland
Deutschland

Max. Motorleistung (PS/kW)
275/202

Gesamtgewicht (kg)
10 435

Motorgröße (ccm)
7146

Abmessungen (L/B/H) in mm
5399/2750/3270

Großschlepper

Die Agrotron-Baureihe von Deutz-Fahr zählt mit über 50 000 Einheiten und einer Vielzahl von Varianten und Ausstattungsmöglichkeiten zu den meistgebauten Traktoren in Europa.

Die Bedienung der Agrotron-Traktoren ist sehr einfach, sodass jeder Fahrer sich auf Anhieb intuitiv und ohne langwierige Schulung zurechtfindet und sehr rasch produktiv arbeiten kann. Die Agrotron-X-Reihe verfügt über einen modernen, wirtschaftlichen Deutz-Common-Rail-Turbodiesel-Motor. Über die serienmäßige elektronische Motorregelung lässt sich die Motordrehzahl fest programmieren und bei Bedarf abrufen. Außerdem können sowohl Fahrgeschwindigkeit als auch Zapfwellendrehzahlen über die Tempomatfunktion programmiert werden. Die praxisgerechte Abstufung des Getriebes nutzt dabei die Konstantleistung des Motors und erspart unnötige Schaltvorgänge. Sehr komfortabel ist auch die Großraum-Panoramakabine, welche eine sehr gute Rundumsicht bietet und mit einem orthopädischen, luftgefederten Sitz, einer pneumatischen Kabinenfederung sowie mit ergonomisch angeordneten Bedienelementen ausgestattet ist.

Ecopard

Wendiger „Nachwuchs“ auf dem Traktormarkt

Die ECO-Systems GmbH mit Firmensitz in Mauerbach/Niederösterreich und langjähriger Erfahrung im Importbereich von Kraftfahrzeugen setzte sich 2007 das Ziel, konventionell aufgebaute Traktoren unter dem EU-weiten Markennamen „Ecopard“ auf den Markt zu bringen.

Nach intensiven Tests wurden geeignete Traktoren und Anbaugeräte gefunden, welche den gestellten Anforderungen entsprachen. Besonderes Augenmerk wurde dabei auf eine robuste, zuverlässige Technik und auf sparsame, umweltfreundliche Motoren gelegt. Diese wurden nun in das Vertriebsprogramm der ECO-Systems GmbH aufgenommen. Nach nur einem Jahr intensiver Aufbauarbeit stehen heute bereits Kompakttraktoren in der Leistungsklasse zwischen 16 und 50 PS mit einem sehr ansprechenden Preis-Leistungs-Verhältnis für den täglichen Einsatz zur Verfügung.

Sämtliche Traktoren werden in verschiedenen ISO-zertifizierten Landtechnik-Fabriken gebaut und entsprechen damit den erforderlichen Qualitätsstandards und EU-Richtlinien. Mit dem COC-(Certificate of Conformity-)Dokument können Ecopard-Kompakttraktoren in der gesamten EU ohne weitere Prüfungen zum Straßenverkehr zugelassen werden.

ECO 1

Die Ecopard-Traktoren bieten ein sehr gutes Preis-Leistungs-Verhältnis.

Die vorhandene Kompatibilität, zusammen mit den am Markt erhältlichen Anbaugeräten, eröffnet vielfältige Einsatzmöglichkeiten und macht den Ecopard-Kompakttraktor zu einem neuen, sehr zuverlässigen Universalschlepper.

In der Standardausstattung haben Ecopard-Kompakttraktoren Allradantrieb, Servolenkung, ROPS-Überrollbügel, Komfortsitz mit Sitzgurt, eine Heckzapfwelle mit 540/1000 U/min sowie einen 3-Punkt-Heckkraftheber. Die Zapfwelle liefert die erforderliche Leistung für den kraftvollen Antrieb aller Kategorie-1- und -2-Anbaugeräte. Neben anderen Optionen können die Traktoren mit Shuttle-Shift-Wendeschaltung, Sonnendach, Frontkraftheber, Komfortkabinen, weiteren Hydraulikanschlüssen, verschiedenen Reifenarten u. v. a. m. aufgerüstet werden. Für den Erdbau stehen leistungsstarke Frontlader, Heckbagger und verschiedene Planierboxen zur Verfügung.

Die ECO-Systems GmbH arbeitet intensiv am Aufbau eines umfassenden Vertriebssystems, um schnelle Ersatzteilversorgung und technische Hilfestellung in ganz Europa zu gewährleisten.

Zur Ecopard-Serienausstattung gehören u. a.:

Leistungsstarker, sparsamer und abgasarmer, wassergekühlter 4-Takt-Dieselmotor; Allradantrieb zuschaltbar; Servolenkung; 3-Punkt-hydraulischer Heckkraftheber; Hydraulikanschluss am Heck; Differenzialsperre der Hinterachse; Front- und hintere Radgewichte; Armaturenbrett mit Schalter; Beleuchtung und Arbeitsscheinwerfer; Komfortsitz mit Beckengurt; Ackerbereifung; COC-Straßenzulassung.

Ecopard Eco 4.xx

Herkunftsland
EU/China

Max. Motorleistung (PS/kW)
35/26

Gesamtgewicht (kg)
3350

Motorgröße (ccm)
2156

Abmessungen (L/B/H) in mm
3352/1485/2420

Kleinschlepper

Die kleinen, aber sehr ausgereiften und wendigen Ecopard-Modelle zeichnen sich durch einen hohen technischen Standard aus. Sie sind ideale Schlepper für kleinere Betriebe und darüber hinaus auch sehr kostengünstig. So haben beispielsweise die Modelle Eco 4.24 und Eco 4.35 neben vielen anderen technischen Raffinessen folgende verfügbare Zusatzausstattung: Shuttle-Shift-Wendeschaltung; Druckluftanschluss; doppelter Hydraulikanschluss hinten; Rasenreifen; R4-Industriereifen; Sonnendach; Kabine mit Heizung/Lüftung; Frontkraftheber; verstellbare Anhängekupplung am Heck.

Fendt

Das „Dieselross“ unter den Traktoren

Die Geschichte der deutschen Traditionsmarke Fendt beginnt in den Jahren der Weltwirtschaftskrise. Johann Georg Fendt (1892–1933) und sein Sohn Hermann (1911–1995) wollten Mähmaschinen bauen – zum Einsatz sollten diese vor allem in kleinen Landwirtschaften kommen. Sie konstruierten Benzingrasmäher, 1930 stellten sie dann ihren ersten Traktor her. Die Fendt-Traktoren wurden als „Fendt-Dieselross“ berühmt, wobei der Name Dieselross nicht von den Erbauern, sondern von einem ihrer ersten Kunden stammt. Er nannte seinen 1930 gekauften Kleinschlepper „sein Dieselross“. Bereits fünf Jahre nach ihrem ersten Traktor konnte das Familienunternehmen expandieren – mit dem Bau erster Produktionsanlagen in Bayern. Johann Georg Fendt konnte den frühen Erfolg seines Unternehmens nicht lange erleben, er starb bereits 1933. Die 1937 ins Handelsregister eingetragene Firma Fendt und Co wurde von den Söhnen Hermann und Xaver geleitet, Inhaberin der Firma war ihre Mutter, Kreszentia Fendt.

Im Jahr der offiziellen Firmengründung kam der legendäre Fendt 18 auf den Markt, bereits ein Jahr später wurde der 1000. Dieselross-Schlepper fertiggestellt. Während des Zweiten Weltkriegs produzierte die Firma Traktoren,

Fendt Favorit 936

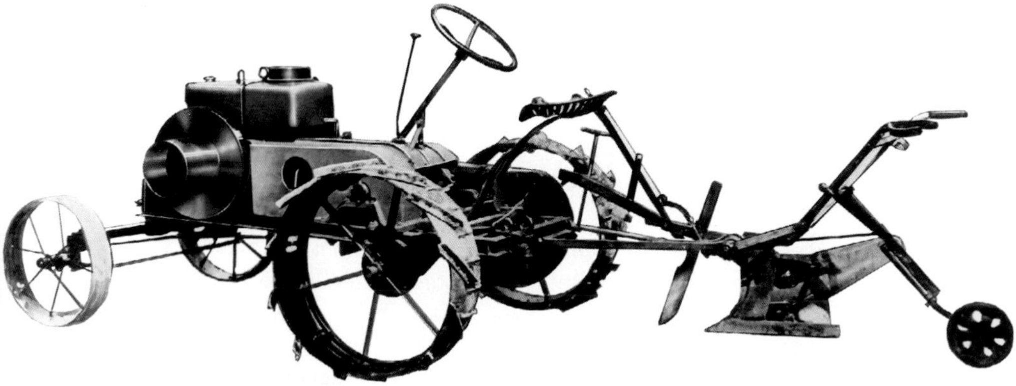

Keine Marketingstrategie, sondern durch Zufall entstanden: Die Bezeichnung „Dieselross" geht auf den zweiten Fendt-Kunden der Firmengeschichte zurück.

die, aufgrund der Benzinknappheit, mit fast jedem Treibstoff liefen. So entwickelte Fendt z. B. ab dem Jahr 1942 Holzgasschlepper mit 25 PS/18 kW.

Nach dem Zweiten Weltkrieg nutzten die Brüder Fendt, mittlerweile auch durch den jüngsten Sohn Johann Georgs, den 1915 geborenen Paul, unterstützt, die Jahre des Wiederaufbaus aus, um massiv zu expandieren. Hermann Fendt war der technische Visionär, Xaver der wirtschaftliche Leiter und Paul organisierte den Aufbau eines Vertriebsnetzes in Europa; mit Erfolg: 1955 verließ der 50 000. Fendt die Produktionshalle, 1965 waren bereits 150 000 Dieselrösser auf den Äckern im Einsatz.

Mit ein Grund für den Erfolg war vor allem eine strategische Entscheidung in den 1950er-Jahren; die Gebrüder Fendt begannen damals mit dem Aufbau eigener Ressourcen für die Entwicklung und Fertigung von Getrieben. Die Investition in eigene Entwicklungsabteilungen führte schließlich zum berühmten stufenlosen Fendt-Vario-Getriebe.

Während in der Gründungszeit der Firma vor allem der Bau von Kleinschleppern für kleinere Landwirtschaften im Vordergrund stand, stieg Fendt in den 1970er-Jahren in den Bau von Großtraktoren ein, vor allem für den Export. 1979 kam der mit einem MAN-Motor ausgestattete, 262 PS/193 kW starke Favorit 626 auf den Markt, 1984 stellte die Firma den Fendt 380 GTA vor, einen Traktor mit Unterflurmotor, der deshalb ohne Motorhaube auskam und so freie Sicht garantierte. 1982 zogen sich die Fendt-Brüder aus dem operativen Geschäft zurück und ließen die Firma von familienunabhängigen Managern leiten.

Nach einer zwischenzeitlichen Marktführerschaft in Deutschland im Jahr 1985 konnte sich die Firma Fendt vor allem durch zwei Produkte ab den 1990ern auf dem deutschen Markt behaupten: den Fendt Xylon, ein Systemfahrzeug, das gleichzeitig vorne und hinten Anhänger haben konnte, und den Fendt Favorit Vario 926, den ersten Großtraktor mit stufenlosem Getriebe. Nichtsdestotrotz – oder gerade wegen des Erfolges – kam Fendt in das Blickfeld des weltweit agierenden Konzernriesen AGCO.

Mit der Favorit-Reihe stieg Fendt so richtig ins Großschleppergeschäft ein.

1997 kauften die US-Amerikaner aus Georgia die deutsche Traditionsmarke auf, führen die Marke aber weiter. Mit einem Marktanteil von mehr als 20 Prozent ist Fendt Marktführer.

Eines der beiden Erfolgsprodukte von Fendt in den 1990ern: der Xylon, ein Systemfahrzeug

Fendt 208 S

Herkunftsland
Deutschland

Max. Motorleistung (PS/kW)
86/63 kW

Gesamtgewicht (kg)
3100

Motorgröße (ccm)
4314

Abmessungen (L/B/H) in mm
3695/1963/2500

Mittelschlepper

Die Fendt-200er-Kompakttraktoren sind im Leistungsbereich von 65 PS/48 kW bis 94 PS/69 kW angesiedelt. Sie sind sehr wendig und durch ihre kompakten Baumaße fast überall einsetzbar. Die 200er-Serie besteht aus den Typen 206, 207, 208 und 209. Der 208 S hat eine maximale Hubkraft von 3140 kg am Heck bzw. 2183 kg an der Front. Die Fendt-Stabilitätskontrolle (FSC) dämpft die Seitenneigung und sorgt so für hohe Lenkpräzision und Fahrsicherheit, sodass sie die 200er-Traktoren auch für Arbeiten auf Hängen einsetzbar macht. Auf Wunsch ist auch eine Niedrigdachvariante mit 15 cm weniger Bauhöhe erhältlich.

Fendt 300 Ci

Herkunftsland
Deutschland

Max. Motorleistung (PS/kW)
92/68

Gesamtgewicht (kg)
4130

Motorgröße (ccm)
4038

Abmessungen (L/B/H) in mm
4000/2140/2710

Mittelschlepper

Die 300-Ci-Reihe von Fendt zeichnet sich vor allem durch die ruckfreie Fahrweise aus. Die Turbomatik glättet die Kraftimpulse und Schwingungen des Motors, die ansteigende Motorleistung erlaubt es, länger im selben Gang zu fahren. Der 300 Ci wird optional mit 21/21-Gang-Wendegetriebe angeboten und ermöglicht so Fahrgeschwindigkeiten von 40 km/h Spitze bis 1,4 km/h im Kriechgang. Die Kabine des 300 Ci hat Fendt von der 400er-Variobaureihe übernommen. Der 4-l-Turbo-4-Zylinder-Motor wird in zwei Stärken angeboten, entweder mit 92 PS/68 kW oder 98 PS/72 kW.

Fendt 309 C

Herkunftsland
Deutschland

Max. Motorleistung (PS/kW)
95/70

Gesamtgewicht (kg)
4130

Motorgröße (ccm)
4038

Abmessungen (L/B/H) in mm
4150/2165/2740

Mittelschlepper

Die 300er-Vario-Baureihe von Fendt ist eine der erfolgreichsten der Firmengeschichte, der 309er war immer wieder der meistverkaufte Schlepper in Deutschland. Die vier Modelle der 300er-Vario-Reihe (309, 310, 311, 312) haben eine Leistung im Bereich 95 PS/70 kW bis 125 PS/92 kW. Das stufenlose Vario-Getriebe ermöglicht Geschwindigkeiten von 0,02 bis 40 km/h für Straßenfahrten. Bei den Rückwärtsgängen sind Geschwindigkeiten von 0,02 bis 25 km/h fahrbar. Die Geschwindigkeitsänderung geschieht bei der Vario-Reihe mithilfe eines Joysticks, des Variosticks. Die maximale Hubkraft bei den 300er-Vario-Modellen beträgt 5382 kg (Heck) und 2997 kg (Front).

Fendt 415

Herkunftsland
Deutschland

Max. Motorleistung (PS/kW)
155/114

Gesamtgewicht (kg)
5450

Motorgröße (ccm)
4038

Abmessungen (L/B/H) in mm
4281/2490/2953

Großschlepper

Die 400er Vario sind in fünf Versionen erhältlich (411, 412, 413, 414, 415) und haben ein Leistungsspektrum von 115 PS/85 kW bis 155 PS/114 kW. Diese Allround-Traktoren kommen vor allem in Gemischt- und Grünlandbetrieben zum Einsatz. Mit 60 km/h Spitze sind die 400er Vario perfekt für den Straßentransport gerüstet, die niedrigste Geschwindigkeit liegt bei 0,02 km/h. Die Hubkraft beträgt 6646 kg am Heck und 3160 kg an der Front. Die Komfortkabinen der 400er Vario sind optional mit einer pneumatischen Kabinenfederung erhältlich.

Fendt 712

Herkunftsland
Deutschland

Max. Motorleistung (PS/kW)
130/96

Gesamtgewicht (kg)
6605

Motorgröße (ccm)
6057

Abmessungen (L/B/H) in mm
4669/2520/2960

Mittelschlepper

Der Fendt 700 Vario ist 1998 auf den Markt gekommen und hat sich seit Markteinführung zur meistverkauften Traktorenreihe aus dem Hause Fendt entwickelt. In der Leistungsklasse von 130 PS/96 kW bis 180 PS/132 kW erhältlich, erreicht der 700er Vario eine Hubkraft von 8501 kg am Heckkraftheber und 4526 kg an der Front. Mittlerweile ist die dritte Generation der 700er-Reihe auf dem Markt, in vier Versionen (712, 714, 716, 718), alle mit einem Spurführungssystem für den zielgenauen Einsatz auf dem Feld ausgerüstet.

Fendt 820

Herkunftsland
Deutschland

Max. Motorleistung (PS/kW)
205/151

Gesamtgewicht (kg)
7185

Motorgröße (ccm)
6057

Abmessungen (L/B/H) in mm
4753/2570/3025

Großschlepper

Mit dem Fendt 818 Vario haben die Allgäuer Traktorenbauer einen der meistverkauften Großtraktoren in Europa auf den Markt gebracht. Später durch den 820 erweitert, bietet Fendt für den Einstieg in die Großklasse zwei Modelle mit 185 PS/136 kW bzw. 205 PS/151 kW an. Um schwere Zugarbeiten ideal durchführen zu können, lässt sich die Hinterachse des 800er mit bis zu vier Felgengewichten mit je 300 kg ballastieren. Um einen maximalen Radeinschlag zu ermöglichen, sind die Vorderradkotflügel schwenkbar. Die Kabine des 800ers ist luxuriös eingerichtet, schallarm und mit Klimaanlage ausgestattet.

Fendt 936

Herkunftsland
Deutschland

Max. Motorleistung (PS/kW)
360/265 kW

Gesamtgewicht (kg)
10 360

Motorgröße (ccm)
7142

Abmessungen (L/B/H) in mm
2000/5655/2750

Großschlepper

Mit der 900er-Reihe legt Fendt die absoluten Spitzengeräte der Firma vor. Die 900er Varios (922, 924, 927, 930, 933, 936) decken das Leistungssegment von 220 PS/162 kW bis 360 PS/265 kW ab. Die Großgeräte erreichen eine maximale Transportgeschwindigkeit von 60 km/h bei einer reduzierten Motordrehzahl von 1950 U/min. Die Kabine der 900er ermöglicht mit 5,5 m^2 Glasfläche einen horizontalen Sichtkreis von 320 und einen vertikalen Sichtkreis von 145°. Die Motoren der Großtraktoren stammen von Deutz; sie verfügen über ein drehzahlunabhängiges angesteuertes Common-Rail-Hochdruckeinspritzsystem und eine vollelektronische Motorregelung. Ein eigenes, externes Abgasrückführungssystem namens AGRex ermöglicht einen optimierten Verbrennungsvorgang und reduziert so den Spritverbrauch. Trotz seiner beachtlichen Ausmaße ist der Fendt 936 sehr wendig – dank der schwenkbaren Kotflügel und der einzelradgefederten Vorderachse beträgt der kleinste Spurkreisradius 6,6 m. Das optionale Spurführungssystem ermöglicht exaktes Anschlussfahren mit Genauigkeiten von 20 bis zu 2 cm. Beide Bilder zeigen den Fendt 936, das untere die Designerausführung, eher für Messen denn für den Einsatz gebaut.

Hürlimann

Qualität und Perfektion aus der Schweiz

Obwohl der Schweizer Traktorenhersteller heute zur SAME-Gruppe gehört, muss er in diesem Buch wegen seiner Präzisionsarbeit und der Formschönheit seiner Traktoren unbedingt erwähnt werden.

Gegründet wurde das Unternehmen im Jahr 1929 von dem Ingenieur Hans Hürlimann in Wil im Kanton St. Gallen. Damals war es nur eine von mehreren Traktorfirmen in der Schweiz. Der erste Traktor, der produziert wurde, war der sogenannte 1K, welcher einen 1-Zylinder-Berhard-Motor mit 8 PS/ 6 kW besaß und eine Geschwindigkeit von maximal 9 km/h erreichte. Das Modell hatte drei Vorwärtsgänge und einen Rückwärtsgang. Im Jahr 1945 präsentierte Hürlimann eine absolute Weltneuheit: den ersten Dieselmotor mit Direkteinspritzung. Der D 100 hatte einen wassergekühlten 4-Zylinder-Motor, der 45 PS/33 kW erzeugte. Ab dem Jahr 1948 war dann der D 50 auf dem Markt, ein mittelschwerer Traktor mit einem 2-Zylinder-Motor (28 PS/21 kW), der fünf Vorwärtsgänge und einen Rückwärtsgang besaß. Auch der H12 mit einem wassergekühlten 4-Zylinder-Vergasermotor war sehr populär.

Bis Mitte der 1960er-Jahre verkaufte Hürlimann bereits mehr als 10 000 Schlepper. Unter den Landwirten erwarben sich die Hürlimann-Traktoren den

Die XL-Reihe (hier der XL 130.180.7) ist ein Aushängeschild der Schweizer Traktorenbauer Hürlimann.

Die elegante Form und die graue Lackierung sind das Markenzeichen der Hürlimann-Traktoren. Im Bild der XT 115.

Ruf als „Rolls-Royce“ unter den Traktoren, was mit ihrer edlen Form und der sehr hohen Qualität zusammenhängt. Bemerkenswert ist auch die Tatsache, dass die meisten Bestandteile der Hürlimann-Traktoren im eigenen Haus gefertigt wurden.

Seit 1977 gehört das Schweizer Unternehmen zu SAME-Deutz-Fahr. Die Hürlimann-Traktoren werden nun im SAME-Stammwerk in Treviglio gebaut. Im Jahr 1994 erreichten die Hürlimann-Traktoren in der Schweiz einen Marktanteil von immerhin 22 %.

Von den neueren Modellen sind vor allem der XT 115 und der 130 erwähnenswert. Sie verfügen über einen 6-Zylinder-Motor vom Typ EURO II mit Flüssigkühlung und Turbolader. Bemerkenswert ist das Modell XE F, ein sehr kompakter und vielseitiger Traktor, der sich speziell für Wein- und Obstbauern eignet.

Die Modelle XL 130.180.7 und H-130-165.7 stehen für höchste Produktivität in allen Einsatzbereichen, vor allem im Ackerbau oder bei schweren Transportarbeiten. Diese Traktoren bieten nicht nur großen Komfort, sondern auch sehr viel Technik (6-Zylinder-Dieselmotoren, fein abgestuftes 6-Gang-Getriebe mit Vierfach-Lastschaltung und Powershuttle, 40 km/h mit reduzierter Motorendrehzahl für minimalen Dieselverbrauch).

Das Unternehmen Hürlimann steht also nach wie vor für modernste und vielseitige Schleppertechnik und verspricht auch für die Zukunft noch wichtige technische Innovationen.

Hürlimann Prince

Das Modell Prince besteht aus einer Serie von kleinen Traktoren, die den Vergleich mit größeren Traktoren nicht zu scheuen brauchen und sich vor allem durch eine ausgezeichnete Motorleistung, herausragende Manövrierfähigkeit und ein leistungsstarkes Hydrauliksystem auszeichnen. Somit ist der Hürlimann Prince ein wahres Multitalent, das sowohl für Landarbeiten als auch für spezielle Arbeiten in Gewächshäusern oder Pflanzschulen geeignet ist. Die Prince-Serie bietet dabei die Auswahl zwischen drei 4-Zylinder-Motoren mit einer Leistung von jeweils 35, 41 und 47 PS/26,30 und 35 kW, wobei die zwei letztgenannten Versionen mit einem Turbolader ausgerüstet sind. Die Höchstgeschwindigkeit beträgt 30 km/h und ermöglicht damit auch schnelle Straßentransporte. Um sich problemlos in engen Obstplantagen oder Gewächshäusern bewegen zu können, verfügt der neuere Hürlimann Prince über einen Lenkeinschlagwinkel von 57°, der den Wendekreis auf 5,20 m reduziert.

Sämtliche 12 Getriebeabstufungen sind synchronisiert und stehen sowohl für Vorwärts- als auch Rückwärtsgang zur Verfügung.

Herkunftsland
Schweiz

Max. Motorleistung (PS/kW)
35–47/26-35

Gesamtgewicht (kg)
1250–1320

Motorgröße (ccm)
1500

Abmessungen (L/B/H) in mm
2950/1220–1360/1955–2020

Kleinschlepper

Hürlimann XB Max

Der Hürlimann XB Max besticht durch seine moderne, aber dennoch praxisgerechte Traktorentechnik. Er ist mit einem Deutz-Motor mit 4038 l Hubraum und Hochdruckeinspritzanlage bestückt, wobei die Maximalleistung der beiden neueren Modelle 82 bzw. 96 PS/60 bzw. 71 kW beträgt. Der Traktor besticht durch seine Bedienerfreundlichkeit, seine Zuverlässigkeit und den geringen Verbrauch und ist zu 100 % biodiesel-tauglich. Es stehen vier Zapfwellengeschwindigkeiten und eine leistungsfähige Hydraulikanlage zur Verfügung. Ein weiterer Pluspunkt ist das geringe Eigengewicht des Traktors, was gerade für Betriebe, welche keinen oder wenig Ackerbau betreiben oder ihren Traktor auch häufig für Pflegearbeiten einsetzen, ein wichtiges Kriterium darstellt.

Herkunftsland
Schweiz

Max. Motorleistung (PS/kW)
82–96/60-71

Gesamtgewicht (kg)
3800

Motorgröße (ccm)
4038

Abmessungen (L/B/H) in mm
3950/2458/2790

Mittelschlepper

Hürlimann XE

Herkunftsland	Schweiz
Max. Motorleistung (PS/kW)	52–67/38–49
Gesamtgewicht (kg)	2280
Motorgröße (ccm)	3000
Abmessungen (L/B/H) in mm	3025/1690/2100
Kleinschlepper	

Es handelt sich um eine neue Baureihe mit zwei Modellen mit einer Nennleistung von 52 und 67 PS/38 und 49 kW. Die XE-Reihe besitzt einen außergewöhnlich kurzen Radstand und einen hohen Grad an Manövrierfähigkeit. Damit ist sie besonders für Hofarbeiten (Stallreinigung, Graben, Heuernte usw.) geeignet. Darüber hinaus gewährleisten das geringe Leistungsgewicht und das vollmechanische Getriebe eine hohe Zapfwellenleistung. Das 5-Gang-Getriebe sorgt für eine Geschwindigkeit bis zu 40 km/h. Bemerkenswert sind der Fahrerschutz mit der hydrostatischen 4-Rad-Bremse, die hydrostatische Lenkung mit unabhängigem hydraulischem Kreislauf und die Deflektoren aus Polycarbonat.

Hürlimann XL 130

Herkunftsland	Schweiz
Max. Motorleistung (PS/kW)	141/104
Gesamtgewicht (kg)	5460
Motorgröße (ccm)	6057
Abmessungen (L/B/H) in mm	o. A.

Mittelschlepper

Der Hürlimann XL ist ein absoluter Profi-Traktor für große Unternehmen und eignet sich vor allem für die Landwirtschaft oder für schwere Transportarbeiten. Er bietet neben viel Komfort (exklusive Freisicht-Komfortkabine mit Klimaanlage, maximale Übersicht und viel Platz auch für den Beifahrer) vor allem sehr viel Technik (6-Zylinder-Dieselmotor, fein abgestuftes 6-Gang-Getriebe mit Vierfach-Lastschaltung und Powershuttle). Die Geschwindigkeit beträgt bis zu 40 km/h, wobei eine reduzierte Motorendrehzahl für minimalen Dieselverbrauch sorgt. Die Hubkraft dieses modernen Traktors beträgt bis zu 9240 kg, die Förderleistung 120 l/min.

Hürlimann XM 120

Herkunftsland	Schweiz
Max. Motorleistung (PS/kW)	120/88
Gesamtgewicht (kg)	4440
Motorgröße (ccm)	4038
Abmessungen (L/B/H) in mm	4139/2480/2680

Mittelschlepper

Diese Modellreihe besticht durch innovative Technologie bzw. höchste Zuverlässigkeit der Motoren und ist vor allem für mittelgroße landwirtschaftliche Betriebe konzipiert. Dieser Traktor erfüllt eine Vielzahl von Anforderungen: Pflügen, Aussaat, Ernte, schnelle Transportfahrten. Die Deutz-Motoren (4 und 6 Zylinder) arbeiten hier mit einer Reihe von sehr effizienten Vorrichtungen und Systemen zusammen, die maximale Produktivität, Manövrierfähigkeit und Betriebskomfort gewährleisten. Das Automatic-Powershift-Getriebe sorgt für eine Höchstgeschwindigkeit von 50 km/h, erwähnenswert sind aber auch der elektronische Kraftheber mit Radar sowie die Hydraulikanlage „Load-Sensing" mit Verstellpumpe. Aber auch die Fahrerkabine mit automatisch geregelter Pneumatikfederung und automatischer Klimaanlage, der Fahrersitz mit Multifunktions-Steuerarmlehne und integriertem Joystick und die Vorderachsfederung tragen zur Spitzenausstattung dieses Traktormodells bei.

Hürlimann XS

Herkunftsland
Schweiz

Max. Motorleistung (PS/kW)
67–90/49–66

Gesamtgewicht (kg)
2470

Motorgröße (ccm)
4000

Abmessungen (L/B/H) in mm
o. A.

Kleinschlepper

Die Hürlimann-XS-Serie ist vor allem für die Arbeit in Obstplantagen und Weinbergen konzipiert worden, mit dem Ziel, diese sowohl leichter als auch produktiver zu machen. Markant sind der große Lenkeinschlagwinkel von 60° und eine unabhängige Lenkschaltung, die selbst in den engsten Reihen für Geschwindigkeit und Wendigkeit sorgen. Zusätzliche Leistung liefern die neuen Euro-II-Motoren von 67 bis 90 PS/49 bis 66 kW, und die elektronische Drehzahlsteuerung ermöglicht eine genauere Überwachung aller Betriebsparameter. Das Modell hat ein Mehrganggetriebe und erreicht eine Höchstgeschwindigkeit von 40 km/h. Großer Wert wurde auf Komfort und Sicherheit des Fahrers gelegt (z. B. Überdruckkabine bei Schädlingsbekämpfungsarbeiten). Spezielle Schalldämpfer und eine Stirnwand zwischen dem Motor und der Sitzposition reduzieren den Geräuschpegel auf ein Minimum.

Hürlimann XT 115

Herkunftsland
Schweiz

Max. Motorleistung (PS/kW)
115/85

Gesamtgewicht (kg)
5080

Motorgröße (ccm)
6000

Abmessungen (L/B/H) in mm
o. A.

Mittelschlepper

Die Modellreihe Hürlimann XT bietet eine sehr gute Kombination von modernster Technik und einfacher Handhabung. So kann unter praktisch allen Einsatzbedingungen maximale Produktivität erreicht werden. Der XT 115 besitzt einen Turboladermotor der 1000er-Baureihe mit 115 PS/85 kW sowie einen sehr zuverlässigen und leistungsstarken Motor mit niedrigem Kraftstoffverbrauch. Die Kabine mit Klimaanlage ist schallgedämmt, die Sicht in alle Richtungen ist ausgezeichnet und die Bedienelemente sind logisch angeordnet und ergonomisch gestaltet. Der Einsatz von Elektronik in allen Bereichen sorgt für eine leichtere Bedienung und Handhabung des Schleppers. Die Baureihe XT ist somit der Inbegriff moderner und vielseitiger Schleppertechnik.

Jinma

Der Schlepper im Selbstbausatz!

Das Konzept des chinesischen Unternehmens „Jinma" ist so einzigartig, dass es in diesem Buch auf keinen Fall fehlen darf! Stellen Sie sich vor, Ihr Traktor kommt im „Flatpack"-Selbstbausatz zu Ihnen nach Hause und Sie bauen ihn dann nach und nach zusammen.

Jinma wollte mit diesen fabrikneuen Traktoren eine kostengünstige Alternative zum heimischen Gebrauchtmarkt anbieten. Und es ist sehr erstaunlich, wie kompakt, flexibel einsetzbar und günstig die Modelle ausgefallen sind.

Begonnen hat das chinesische Unternehmen Jiangsu Yueda Yancheng Tractor Manufacturing Co. Ltd. im Jahr 1959 mit dem Bau von Kompakttraktoren. Diese waren von Anfang an ganz einfach zu bedienen, weil die technischen Unterstützungsmöglichkeiten in den ländlichen Gebieten Chinas fehlten. Diese Einfachheit wurde beibehalten und wird gerade heute, in einer Zeit der Hightech-Lösungen, wieder zunehmend geschätzt. So sind die Traktoren auch heute einfach zu bedienen, leicht zu warten und auch zu reparieren. Mittlerweile ist das außergewöhnliche Konzept voll aufgegangen und die Traktoren werden bereits in ca. 60 Länder auf der ganzen Welt exportiert, darunter auch in die gesamte Europäische Union. Das Unternehmen beschäftigt ca. 1500 Mitarbeiter und produziert auf seinem im Jahr 2002 für ca. 120 Mio. Yuan neu errichteten Werksgelände jährlich 30 000 Traktoren und 80 000 Einachsschlepper. Die Geräte werden sowohl in 30 chinesische Provinzen wie auch weltweit in über 60 Länder in Nord- und Südamerika, Europa, Afrika, Südostasien und im Mittleren Osten verkauft. Mittlerweile zählen sie in Großbritannien und in den USA zu den meistverkauften Kompaktschleppern.

Die Besonderheit der Jinma-Traktoren ist der Flatpack-Selbstmontagesatz, der die Modelle noch einmal günstiger macht. Dabei werden Motor, Getriebe und Fahrwerk bereits in der Fabrik montiert, einzelne Komponenten jedoch separat in einen Stahlrahmen verpackt. Mittels einer ausführlichen Anleitung in deutscher Sprache kann der Traktor dann zu Hause selbst montiert werden. Ein großes Augenmerk wird dabei auch auf die rasche Versorgung mit Ersatzteilen und die technische Unterstützung gerichtet. Mittlerweile gibt es im deutschen Sprachraum bereits eine schnelle und effiziente Serviceleistung! Erhältlich sind die Modelle bereits ab 20 PS mit einem Preis von knapp über 8000 €! Die Palette der Modelle ist mittlerweile schon recht umfangreich und reicht bis zu den „Schwergewichten" der Firma mit immerhin 70 PS!

Das Bild zeigt tatsächlich einen Traktor, auch wenn man das kaum glauben mag. Der berühmte und innovative Flatpack-Selbstmontagesatz bietet das beste Preis-Leistungs-Verhältnis in seiner Klasse. Der Großteil des Traktors, wie Motor, Getriebe und Fahrwerk, ist bereits vormontiert. Um Transportkosten zu sparen, werden einige Komponenten getrennt in einem Stahlrahmen verpackt. So kann der Traktor mit ausführlicher Anleitung ganz leicht selbst montiert oder eine Werkstätte damit beauftragt werden.

Alle Jinma-Modelle haben folgende Serienausstattung:

2/3/4-Zylinder wassergekühlter Dieselmotor, Servolenkung, Allradantrieb, 12 Vorwärtsgänge und vier Rückwärtsgänge, Dreipunkt-Aufhängung, Hydraulikanschluss hinten, Radgewichte hinten, Frontgewichte, Hand- und Fußgas, Differenzialsperre, gemeinsame oder getrennte links/rechts Scheibenbremsen, Instrumententafel inkl. Benzinanzeige, volle Beleuchtung (vorne/hinten/Blinker/Bremslicht), Motor komplett abgedeckt, Überrollbügel, Anhängevorrichtung, Kriechgang, Komfortsitz, einfache Bedienung und volle 24 Monate Herstellergarantie. Auch ein Sonnendach kann mittlerweile mitbestellt werden.

Die Zapfwelle liefert eine hervorragende Leistung für den kraftvollen Antrieb aller Kategorie-1-Anbaugeräte. Neben anderen Optionen kann man die Traktoren auch noch mit Shuttle-Shift-Wendeschaltung und Straßenzulassung aufrüsten. Der Traktor kann mit allen Kategorie-1-Anbaugeräten versehen werden, außerdem steht ein leistungsstarker Frontlader samt Anbaukonsole zur Verfügung.

Die Traktoren werden dann üblicherweise mit einem Anhänger beim Händler abgeholt und zu Hause zusammengestellt.

Zusammengefasst sind die Jinma-Traktoren also kompakt in den Abmessungen, bieten einen kraftvollen Antrieb bei geringem Öl- und Treibstoffverbrauch, sind sicher und zuverlässig bei einer breiten Vielfalt an Anwendungsmöglichkeiten und nebenbei auch leicht zu bedienen.

Natürlich darf man die chinesischen Kleintraktoren nicht mit modernen Traktoren namhafter Hersteller wie John Deere, Kubota oder New Holland vergleichen.

Sie sollen auch keine direkte Konkurrenz zu diesen darstellen. Allerdings wurde hier scheinbar eine Marktnische entdeckt und so haben diese außergewöhnlichen Kleintraktoren auch ihren Platz in der großen, bunten Traktorwelt. Sie bieten nämlich eine kostengünstige und dadurch auch leistbare Alternative für Klein- oder Nebenerwerbsbauern, Weinbaubetriebe, Reitstallbetreiber, Gärtnereien u. v. m.

Jinma JM-254

Jinma-Traktoren sind kompakt in den Abmessungen, bieten einen kraftvollen Antrieb bei geringem Öl- und Treibstoffverbrauch, sind sicher und zuverlässig bei einer breiten Vielfalt an Anwendungsmöglichkeiten und neben vielen weiteren Punkten auch leicht zu bedienen.

Die Modelle sind standardmäßig mit Allradantrieb, Servolenkung, ROPS-Überrollbügel, Standardsitz mit Sitzgurt und mit einer Heckzapfwelle 540/1000 U/min sowie einer Dreipunkt-Hydraulik ausgestattet. Neben anderen Optionen kann der Traktor mit Shuttle-Shift-Wendeschaltung, Sonnendach, Hydraulikanschlüssen und Straßenzulassung aufgerüstet werden. Der Traktor kann mit allen Kategorie-1-Anbaugeräten versehen werden, außerdem steht ein leistungsstarker Frontlader samt Anbaukonsole zur Verfügung.

Trotzdem können die chinesischen Kleintraktoren natürlich nicht mit wesentlich teureren Traktoren großer Hersteller verglichen werden. Sie dürfen daher auch nicht als Konkurrenz gesehen werden, sondern als günstige, einfach zu bedienende und leicht zu wartende Traktoren. Besonders empfehlenswert sind sie für Klein- oder Nebenerwerbsbauern, Weinbaubetriebe, Jäger bzw. Jagdpächter, Reitstallbetreiber, Gärtnereien, Teichgräber und für Besitzer großer Grundstücke.

Herkunftsland
China

Max. Motorleistung (PS/kW)
25/18

Gesamtgewicht (kg)
1240

Motorgröße (ccm)
o. A.

Abmessungen (L/B/H) in mm
2991/1290/1438

Kleinschlepper

John Deere

Der gelbe springende Hirsch

„I will never put my name on a product that does not have in it the best that is in me." (Ich werde niemals einem Produkt meinen Namen geben, in dem nicht das Beste von mir selbst drinsteckt.) Der Leitspruch des Schmiedes John Deere (1804–1886) gilt wohl auch für die berühmten grünen Traktoren, selbst wenn der Firmengründer die Entwicklung im Traktorenbau nicht erleben konnte. John Deere stellte Pflüge her – und das äußerst erfolgreich, sodass er mit seiner Firma Plow Works ab dem Jahr 1847 mehr als 1000 Geräte pro Jahr produzieren konnte. John Deere entwickelte 1837 einen selbstreinigenden Stahlpflug, verlegte 1848 sein florierendes Unternehmen nach Moline, Illinois, und übergab es 1859 an seinen Sohn Charles Deere. John Deere blieb bis 1982 fest in Familienhand. Das berühmte Logo, der gelbe springende Hirsch, stammt aus dem Jahr 1873 und wurde – zuletzt 2000 – immer wieder modifiziert.

Ins Traktorengeschäft stieg John Deere & Company kurz nach dem Ende des Ersten Weltkriegs mit der Übernahme der Waterloo Gasoline Engine Company ein. Bereits vor der Übernahme gab die Firma den Bau einiger Testtraktoren in Auftrag, aber erst ab dem Jahr 1923 tauchten dann die

Grüner geht's nicht mehr – die Luxustraktoren von John Deere

Mit selbstreinigenden Pflugscharen begann die Karriere von John Deere. Hier seine restaurierte erste Werkstatt in Grand Detour, Illinois (USA).

ersten John-Deere-Traktoren serienmäßig am Markt auf. Innerhalb weniger Jahre gelang es John Deere, zu einem der größten Landmaschinenhersteller aufzusteigen. Die Weltwirtschaftskrise warf die Produktions- und Verkaufszahlen zwar in den Keller, dennoch überstand der „gelbe Hirsch" die massiven Einbrüche. Während des Zweiten Weltkriegs musste die Traktorenproduktion zugunsten der Herstellung von Kriegsgerät-Zubehör weiter gedrosselt werden, in den Nachkriegsjahren wurde von Seiten John Deeres aber dann wieder massiv in den Traktorenbau investiert. 1949 brachte John Deere seinen ersten Dieseltraktor heraus, 1956 setzte der Hirsch zum Sprung nach Europa an. In diesem Jahr übernahm John Deere die deutsche Traditionsfirma Lanz Bulldog, behielt aber die beiden Produktionsstandorte und baute diese mit gewaltigen finanziellen Mitteln aus.

1963 führte John Deere ein Powershift-Getriebe ein, mit dem man ohne zu kuppeln in alle Gänge schalten konnte. 1972 verwöhnte der Traktorenhersteller seine Kunden durch die sogenannte Sound-Gard-Kabine, eine Kabine mit Schallschutz, Heizung und Klimaanlage.

Mitte der 1980er-Jahre schlitterte das Unternehmen in eine Krise, fast die Hälfte der Mitarbeiter/-innen verlor ihren Job. Im Gegensatz zu seinen Konkurrenten überlebte John Deere aber als eigene Firma und stieg Ende der 1980er endgültig zu einem der größten Landmaschinenkonzerne auf. In den 1990er-Jahren entwickelte John Deere seine Sound-Gard- zur Comfort-Gard-Kabine weiter, also noch leiser, noch größer, noch bequemer. Ende der 1990er-Jahre reagierte der gelbe Hirsch auf den Erfolg der Gummiraupentraktoren von Caterpillar und stellte 1999 seine Gummiketten-Version der 8000er-Serie vor. Auch die 9000er-Serie wurde und wird zum Teil mit Raupen bestückt.

Mit mehr als 60 000 Beschäftigten ein Riese unter den Agrartechnik-Konzernen: John Deere, Hauptquartier in Moline, Illinois (USA).

Der John-Deere-Konzern stellt neben Traktoren Erntemaschinen, Feldhäcksler, Mähdrescher, Ballenpressen, kommunaltechnische Geräte, Geräte zur Grundstückspflege, Forstmaschinen und Baumaschinen wie Radlader, Scraper oder Planierraupen her. Weltweit fuhr der Konzern mit seinen mehr als 60 000 Beschäftigten im Jahr 2013 Gesamtumsatzerlöse von mehr als 37 Milliarden US-$ ein.

John Deere baut auch imposante Mähdrescher für die riesigen amerikanischen Felder.

John Deere 5215

Die John-Deere-Traktoren der Serien 5015 F und 5015 V wurden speziell für den Einsatz im Obst- und Weinbau konzipiert. Sie eignen sich ideal für beengte Verhältnisse, vor allem aber für das Ausbringen von Pflanzenschutzmitteln, die Bodenbearbeitung, für das Mähen und für viele Sondereinsätze. Die Traktoren zeichnen sich durch ihre Kompaktheit und ihren großen Komfort aus. Sie haben eine neue Geräuschdämmung, einen leistungsstarken Zapfwellenantrieb mit einer hohen Motorleistung, ein neues Kabinendesign, robuste Kupplungen und sind, was ihre technische Ausstattung betrifft, auf dem allerneuesten Stand.

Herkunftsland
USA/ Deutschland

Max. Motorleistung (PS/kW)
56/41

Gesamtgewicht (kg)
2900

Motorgröße (ccm)
2940

Abmessungen (L/B/H) in mm
3423/1150/ 2400

Kleinschlepper

John Deere 5615

Herkunftsland
USA/ Deutschland

Max. Motorleistung (PS/kW)
88/65

Gesamtgewicht (kg)
2900

Motorgröße (ccm)
4525

Abmessungen (L/B/H) in mm
3550/1330/ 2180

Mittelschlepper

Auch die John-Deere-Traktoren der Serien 5015 F und 5015 V wurden speziell für den Einsatz im Obst- und Weinbau hergestellt.
Der 5615 ist der stärkste Traktor aus den Serien 5015 F/5015 V. Er ist ideal für beengte Verhältnisse und wird für Arbeiten wie das Ausbringen von Pflanzenschutzmitteln, das Mähen, die Bodenbearbeitung oder zahlreiche andere Spezialeinsätze eingesetzt. Die Traktoren sind sehr kompakt gebaut und bieten großen Komfort. Erwähnenswert sind die Geräuschdämmung, der leistungsstarke Zapfwellenantrieb mit einer hohen Motorleistung und das Kabinendesign. Darüber hinaus haben diese technisch hochwertigen Traktoren sehr robuste Kupplungen.

John Deere 5620

Die Serie 5020 von John Deere besticht durch ihre Kompaktheit, Wendigkeit und Vielseitigkeit. Vor ihrer Entwicklung gab es eine eigene Umfrage unter Landwirten über ihre Erwartungen an Traktoren. Aufgrund der niedrigen Gesamthöhe und des geringen Gewichts ist dieser vielseitige Traktor ideal für die unterschiedlichsten Anforderungen. Die Komfortkabine besticht durch das große Platzangebot und die ungehinderte Sicht auf das Arbeitsumfeld. Der enge Wenderadius ermöglicht ein leichtes Manövrieren in engen Bereichen und Ställen, wobei durch die optimalen Sichtverhältnisse Hindernisse sicher umfahren werden können. Erwähnenswert sind auch der geringe Kraftstoffverbrauch und der große Kraftstofftank (131 l).

Herkunftsland
USA/ Deutschland

Max. Motorleistung (PS/kW)
74/54

Gesamtgewicht (kg)
3350

Motorgröße (ccm)
4530

Abmessungen (L/B/H) in mm
3950/2175/ 2545

Kleinschlepper

John Deere 5820

Herkunftsland
USA/ Deutschland

Max. Motorleistung (PS/KW)
88/65

Gesamtgewicht (kg)
3700

Motorgröße (ccm)
4530

Abmessungen (L/B/H) in mm
3950/2175/ 2595

Mittelschlepper

Der 5820 ist der stärkste Traktor aus der neuen Serie 5020 von John Deere. Auch er imponiert durch seine Kompaktheit, Wendigkeit und Vielseitigkeit. Durch seine niedrige Gesamthöhe und das geringe Gewicht kann dieser vielseitige Traktor in vielen Arbeitsgebieten eingesetzt werden. Die Komfortkabine mit sehr viel Platz bietet ein weites, uneingeschränktes Sichtfeld. Wie der 5620 hat auch dieser Traktor einen sehr kleinen Wenderadius, wodurch er in engen Bereichen und Ställen besonders leicht fahrbar wird. Der ideale Traktor für Mittelbetriebe hat einen sehr geringen Kraftstoffverbrauch und ist durch seinen großen Kraftstofftank (131 l) besonders lange einsetzbar.

John Deere 6630

Herkunftsland
USA/
Deutschland

Max. Motorleistung (PS/kW)
126/93

Gesamtgewicht (kg)
5165

Motorgröße (ccm)
6780

Abmessungen (L/B/H) in mm
4728/2316/
2833

Mittelschlepper

Die 6030er-Serie von John Deere bietet vielseitige Traktoren von 83 bis 155 PS/ 61 bis 114 kW. Sie eignen sich ideal für alle Einsätze vom Pflügen über das Mähen bis zum Transport. Die Reihe besticht durch modernste Technik, Benutzerfreundlichkeit und hohe Leistung. Die Kabine bietet optimale Rundumsicht und eine sehr ergonomische Anordnung der Bedienelemente. Auch die Sicht nach hinten ist sehr gut, sodass auch das Anhängen größerer Anbaugeräte kein Problem bereitet. Der Geräuschpegel und der Kraftstoffverbrauch sind sehr niedrig, die Wartung ist durch die aufstellbare Motorhaube sehr einfach.

John Deere 6930

Herkunftsland
USA/
Deutschland

Max. Motorleistung (PS/kW)
150/110

Gesamtgewicht (kg)
5635

Motorgröße (ccm)
6780

Abmessungen (L/B/H) in mm
4758/2382/
2923

Mittelschlepper

Das Modell 6930 ist das stärkste aus der 6030er-Serie von John Deere, die von 80 bis 150 PS/59 bis 110 kW reicht. Es handelt sich um vielseitige Traktoren, die sich ideal für alle Einsätze vom Pflügen über das Mähen bis zum Transport eignen. Sowohl die Technik als auch die Benutzerfreundlichkeit und die hohe Leistung sind beeindruckend. Die Kabine bietet eine hervorragende Rundumsicht und die Bedienelemente sind ergonomisch angeordnet. Aufgrund der guten Sicht nach hinten ist auch das Anhängen größerer Anbaugeräte kein Problem. Geräuschpegel und Kraftstoffverbrauch sind niedrig und die Wartung durch die aufstellbare Motorhaube sehr einfach. Ein großer Tank von bis zu 325 l garantiert sehr lange Einsatzzeiten.

John Deere 7430

Herkunftsland	USA/ Deutschland
Max. Motorleistung (PS/kW)	190/140
Gesamtgewicht (kg)	6620
Motorgröße (ccm)	6788
Abmessungen (L/B/H) in mm	4798/2382/ 3045
Großschlepper	

Die Traktoren der Premium-7030-Serie liefern eine Leistung von 190 bis 203 PS/ 140 bis 149 kW, wobei das innovative „Intelligente Power-Management" bei vielen Arbeiten eine zusätzliche Leistung von 25 PS zur Verfügung stellt. Die Hightech-Kabine bietet allen erdenklichen Komfort und ist aufgrund der ergonomischen Lage der Hebel und Tasten sehr bedienerfreundlich. Die Premium-Reihe bietet modernste Motortechnologie mit variablem Turbolader und externer Abgasrückführung. Die größeren Reifendurchmesser sorgen für eine höhere Zugleistung. Es handelt sich um einen Traktor mit idealem Leistungsgewicht, der für die unterschiedlichsten Arbeiten einsetzbar ist.

John Deere 8430

Herkunftsland
USA/ Deutschland

Max. Motorleistung (PS(kW)
340/250

Gesamtgewicht (kg)
10 346

Motorgröße (ccm)
9000

Abmessungen (L/B/H) in mm
5640/2480/ 3360

Großschlepper

Die Traktoren der 8030-Serie bieten eine Leistung von 260 PS/191 kW bis bemerkenswerten 365 PS/268 kW und sind ebenfalls mit dem „Intelligenten Power-Management“ ausgestattet, das bei vielen Arbeiten eine zusätzliche Leistung von bis zu 35 PS/26 kW zur Verfügung stellt. Das bedeutet, dass der Traktor sein Leistungsgewicht automatisch an jede Arbeit anpasst. Mit ihren PowerTech-Plus-Motoren, dem stufenlosen Getriebe und dem 9,0-l-Hubraum sind sie wahre Kraftpakete.

Besonders erwähnenswert sind der niedrige Kraftstoffverbrauch, die geringen Betriebskosten und der hohe Komfort durch die ergonomische Kabine. Der große Tank (681 l!) sorgt für lange Einsatzzeiten.

John Deere 8530

Herkunftsland
USA/
Deutschland

Max. Motorleistung (PS/kW)
365/268

Gesamtgewicht (kg)
11 298

Motorgröße (ccm)
9000

Abmessungen (L/B/H) in mm
5640/2480/
3360

Großschlepper

Der 8530 ist der stärkste aus der 8030-Serie von John Deere, welche eine Leistung von 260 PS/191 kW bis zu beachtlichen 365 PS/268 kW bieten. Auch diese hochmodernen Traktoren sind mit dem „Intelligenten Power-Management" ausgestattet, das bei vielen Arbeiten eine zusätzliche Leistung von bis zu 35 PS/26 kW zur Verfügung stellt. Der Traktor passt also sein Leistungsgewicht automatisch an jede Arbeit an. Auch dieses außerordentlich starke Modell ist mit einem PowerTech-Plus-Motor mit 9,0-l-Hubraum und einem stufenlosen Getriebe ausgestattet.

Die 8030er-Serie zeichnet sich durch einen sehr niedrigen Kraftstoffverbrauch, geringe Betriebskosten und hohen Komfort aus, den die ergonomische Kabine bietet. Auch dieses Modell ist mit einem großen 681-l-Tank ausgerüstet.

John Deere 9420

Herkunftsland
USA/
Deutschland

Max. Motorleistung (PS/kW)
425/313

Gesamtgewicht (kg)
15 000

Motorgröße (ccm)
12 500

Abmessungen (L/B/H) in mm
7600/3000/
3700

Großschlepper

Mit den Modellen 9320, 9420 und 9520 setzt John Deere neue Maßstäbe im Großtraktorenbau: Mit ihrer gewaltigen Zugkraft und dem sparsamen Verbrauch durch innovative Motortechnologie und 18/6-Gang-PowerShift-Getriebe mit automatischer Schaltung sind sie vor allem für Großbetriebe konzipiert worden. Die Basis für die enorme Leistung und Zugkraft ist der 12,5-l-PowerTech-Motor mit zukunftsweisender Motortechnologie und bis zu 507 PS/373 kW maximaler Leistung. Dieser Traktor ist ideal für die schwere gezogene Bodenbearbeitung bei 3 m Transportbreite. Der riesige Tank fasst annähernd 1000 l.

John Deere 9520

Herkunftsland
USA/
Deutschland

Max. Motorleistung (PS/kW)
507/373

Gesamtgewicht (kg)
15 000

Motorgröße (ccm)
12 500

Abmessungen (L/B/H) in mm
7600/3000/3700

Großschlepper

Mit dem Modell 9520 setzte John Deere einen beeindruckenden neuen Maßstab im Großtraktorenbau: Mit seiner gewaltigen Zugkraft und dem 18/6-Gang-Powershift-Getriebe mit automatischer Schaltung ist dieser Traktor vor allem für Großbetriebe interessant. Der Motor erreicht eine enorme Leistung von bis zu 507 PS, der riesige Tank fasst annähernd 1000 l, und das leistungsstarke TouchSet-Hydrauliksystem liefert bis zu 166 l/min Durchfluss.

Mit der Komfortkabine verfügt der Fahrer über einen sehr geräumigen Innenraum mit einer hervorragenden Rundumsicht und vor allem einer beispielhaft einfachen Bedienung. Neben der Längs- und Querdämpfung, der einstellbaren Sitzstoßdämpfung, der verstellbaren Rückenlehne und der Lendenwirbelstütze wurde rein gar nichts vergessen: So kann man im mobilen Feldbüro Unterlagen, Laptop oder Handy sicher verstauen. An zentraler Stelle befinden sich Steckdosen, um Gerätemonitore einfach anschließen zu können.

Kubota

Ein internationaler Marktführer aus Japan

Die Geschichte der Firma Kubota reicht weit zurück in die Zeit der industriellen Revolution, als viele bedeutende technische Entwicklungen stattfanden. Es war im Jahr 1890, als Gonshiro Kubota das Unternehmen im japanischen Osaka gründete.

Anfangs lag der Schwerpunkt noch auf gusseisernen Rohren, doch bereits im Jahr 1922 stellte der Betrieb seinen ersten kerosinbetriebenen Motor vor. Doch noch heute ist die Gießereitechnik eine der tragenden Säulen von Kubota und alle Kurbelgehäuse und Zylinderköpfe für den Motorenbau stammen aus der hauseigenen Gießerei. Mitte der 1940er-Jahre erweiterte Kubota das Angebot um landwirtschaftliche Maschinen und so kamen nach und nach Baumaschinen, Traktoren, Mähdrescher, Minibagger und Müllverbrennungsanlagen hinzu. Zunächst waren die Traktoren für die japanischen Bauernhöfe maßgeschneidert, doch bereits 1969 stellte Kubota den ersten Traktor in den USA vor. Der Kubota L200 mit 21 PS war auf Anhieb erfolgreich und von nun an ging es Schlag auf Schlag.

Auf die Größe kommt es an – auch bei Kleintraktoren; schließlich ist Kubota in diesem Segment Marktführer in den USA. Im Bild der „große" Kubota, der M 9540.

Kubota begann bereits in den 1960er-Jahren mit der Produktion von Traktoren. Im Bild der allererste japanische Kleintraktor.

Schon fünf Jahre später gründete Kubota die erste Niederlassung in Kalifornien und expandierte sehr rasch auch in andere Länder, vor allem auch nach Europa.

Das Unternehmen hatte eine absolute Marktlücke im Bereich der Kleintraktoren entdeckt und ist beispielsweise heute in den USA der Marktführer im Bereich der Kleintraktoren unter 40 PS (über 80 Modelle werden allein in den USA angeboten!).

Die Kubota (Deutschland) GmbH wurde 1979 gegründet und begann mit dem Verkauf von Dieselmotoren und Kommunalmaschinen in Deutschland. Seit dem Jahr 1983 ist sie in Rodgau/Nieder-Roden (Rhein-Main-Gebiet) ansässig. 1988 weihte das Unternehmen eine Fabrik für Minibagger in Zweibrücken ein, wo seitdem alle in Europa verkauften Minibagger bis 7,5 t gefertigt werden. Heute werden dort auch Rasentraktoren und Profimäher, Kommunaltraktoren und Universaltraktoren, Mehrzweckfahrzeuge, Verbrennungsmotoren sowie Ersatzteile hergestellt.

Produkte der Firma Kubota werden in mehr als 130 Länder auf der ganzen Welt verkauft. Auch die technische Entwicklung ist dabei immer auf dem neuesten Stand.

Das Unternehmen schafft in seinen 20 Produktionsstätten mittlerweile einen Jahresumsatz von rund 11 Milliarden Euro, der Firmensitz ist weiterhin die Stadt Osaka im Westen der japanischen Hauptinsel Honshu.

Die älteren Modelle von Kubota waren übrigens blau lackiert, heute erscheinen sie in einem kräftigen Orange.

In diesem Buch sollen nicht die Kleintraktoren von Kubota, sondern die neuen Modelle im mittleren Segment vorgestellt werden. Sie kommen vor allem im Kommunalbereich, aber auch im Obst- und Weinbau zum Einsatz.

Kubota M 9540 low profile

Herkunftsland	Japan
Max. Motorleistung (PS/kW)	97,2/71
Gesamtgewicht (kg)	2900
Motorgröße (ccm)	3769
Abmessungen (L/B/H) in mm	3955/1985/2450
Mittelschlepper	

Der M 9540 ist in der Niedrigversion (low profile) speziell für Einsätze entwickelt, bei denen „normale“ Bauhöhen nicht mehr weiterkommen: Arbeiten unter Bäumen oder in Sonderkulturen. Denn beim 9540 lp lässt sich der Überrollbügel einschieben und die Höhe von 2450 mm auf 1690 mm reduzieren. Angetrieben wird der 9540 durch einen 4-Zylinder-Dieselmotor mit Direkteinspritzung, das Getriebe ermöglicht 18 Vorwärts- und 18 Rückwärtsgänge und eine Maximalgeschwindigkeit von 35 km/h. Die Hubkraft am Heckkraftheber beträgt 4100 kg.

Kubota M 108

Der M 108 S ist ein universell einsetzbarer Schlepper im mittleren Leistungsspektrum. Der M 108 ist serienmäßig mit einem 32/32-Wechselgetriebe ausgestattet, optional gibt es aber auch eine Kriechgangversion mit einem 48/48-Getriebe. Der Motor des M 108 ist ein 4-Zylinder-Diesel mit Common-Rail-System. Außerdem hat der Motor ein Abgasrückführungssystem (AGR), bei dem ein Teil der Abgase durch den Kühler geleitet und dem Verbrennungsraum erneut zugeführt wird, was die Stickoxyd-Emissionen vermindert.

Herkunftsland	Japan
Max. Motorleistung (PS/kW)	109/80
Gesamtgewicht (kg)	3655
Motorgröße (ccm)	3769
Abmessungen (L/B/H) in mm	4145/2010/2680
Mittelschlepper	

Kubota M 7040

Herkunftsland
Japan

Max. Motorleistung (PS/kW)
74/54

Gesamtgewicht (kg)
2730

Motorgröße (ccm)
3331

Abmessungen (L/B/H) in mm
2545 /3675/ 1855/

Kleinschlepper

Die M40-Baureihe ist eine komplett neu konstruierte Reihe des Kubota-Konzerns. In vier unterschiedlichen Modellen erhältlich, decken die Traktoren ein Leistungssegment von 66 bis 97 PS/49 bis 71 kW ab. Die Motoren sind entweder 3,3- oder 3,8-l-Dieselmotoren mit Direkteinspritzung.

Das hydraulisch lastschaltbare Wechselgetriebe hat bei den Modellen 6040 und 7040 (im Bild) 15 Vorwärts- und 15 Rückwärtsgänge, die Hubkraft liegt am Heck bei 2300 kg, der Frontlader bewältigt Lasten bis zu 1328 kg.

Kubota M 9540

Herkunftsland
Japan

Max. Motorleistung (PS/kW)
95/70

Gesamtgewicht (kg)
3305

Motorgröße (ccm)
3769

Abmessungen (L/B/H) in mm
3955/1975/ 2650

Mittelschlepper

Das Spitzenmodell der 40er-Reihe von Kubota ist vom Getriebe her in zwei Varianten zu haben: mit einem 18/18- oder einem 36/36-Getriebe. Der Heckhub beim 9540 liegt bei 4100 kg, mit einem Frontlader können Lasten von bis zu 1880 kg gehoben werden. Im Gegensatz zu den anderen drei Modellen der Reihe kommt der 9540 nicht als Schmalspurvariante (narrow-version) auf den Markt. Er wird nicht als Spezial-, sondern als Allroundtraktor für den Feld- und Hofeinsatz beworben.

Kubota M 128X

Herkunftsland
Japan
Max. Motorleistung (PS/kW)
134/99
Gesamtgewicht (kg)
4410
Motorgröße (ccm)
6124
Abmessungen (L/B/H) in mm
4455/2270/2750
Mittelschlepper

Im neuen M 128X kommt ein neu entwickelter Kubota-Motor zum Einsatz. Der A 68-TI-CRS ist ein 4-Zylinder-Turbolader mit Intercooler, Common-Rail und Direkteinspritzung. Das Intelli-Shift-Getriebe bietet 8-stufige Lastschaltung, 2-stufige Gruppenschaltung (Kriechganggruppe optional) bei einer Transportgeschwindigkeit von 40 km/h. Mit einem einzigen Hebel steuert der Fahrer Lastschaltstufen und Gruppenschaltung, die Gangwechsel erfolgen auf Knopfdruck. Ab einem Lenkeinschlag von 35° erhöht das Bi-Speed-Lenksystem bei zugeschaltetem Allradantrieb die Umfangsgeschwindigkeit der Vorderräder. So erreicht der M 128X einen Wenderadius von 5 m ohne unnötigen Schlupf. Der Heckkraftheber erreicht eine Hubkraft von 5800 kg.

Lamborghini

Beginn mit Traktoren, die Luxusautos kamen später!

Am 28. April 1916 erblickte Ferruccio Lamborghini in Renazzo, einem kleinen Dorf bei Bologna, das Licht der Welt. Seine Eltern waren Bauern, aber Ferruccios Interesse galt schon bald mehr der Technik als der Landwirtschaft. Nach dem Zweiten Weltkrieg war für Ferruccio der Zeitpunkt gekommen, selbst Fahrzeuge zu bauen.

1948 begann Ferruccio Lamborghini in Centro/Ferrara mit der Herstellung von Traktoren, die zunächst aus umgebauten ehemaligen Militärmaschinen entstanden. Zuerst produzierte er lediglich einen Traktor am Tag, zehn Jahre später stellte die Lamborghini Trattori S.p.A. pro Jahr schon 1500 her, 1969 waren es sogar 5000 Stück im Jahr.

Ferruccios Traktoren machten ihn zu einem der wohlhabendsten Männer Italiens, der unter anderem einen Mercedes SL300, einen Ferrari und einen Jaguar zu seinem Fuhrpark zählte.

Vor allem für den Einsatz in Obstplantagen konzipiert: der „kleine" Lamborghini R1

Lamborghini setzte bereits sehr früh Raupentechnik ein, um die Anbauböden zu schonen. Im Bild der Lamborghini 653.

■ Meilensteine

Der erste Lamborghini-Traktor wurde 1949 fertiggestellt, in dem jedoch noch ein Motor von Morris sein Werk verrichtete. 1950 kam der erste komplett von Lamborghini produzierte Traktor heraus. Der DL 25 von 1955 war sehr beliebt.

1954 wurde ein Traktor als Raupenfahrzeug gezeigt, 1962 folgte ein Traktor mit Allradantrieb. Seit 1966 werden Lamborghini-Traktoren mit Synchrongetriebe ausgerüstet.

1971 wurde Lamborghinis Traktorsparte, zu dieser Zeit Italiens Nummer drei, an den traditionsreichen italienischen Traktorenhersteller Francesco Cassani verkauft. Dieser produzierte bereits seit 1927 Traktoren, und zwar in Treviglio, einem kleinen, 36 km östlich von Mailand in der Po-Ebene gelegenen, zur Provinz Bergamo zählenden Städtchen.

Mit der Zeit wurde die Produktion von Lamborghini-Traktoren dorthin zur Firma SAME verlegt. 1977 kam ein Schweizer Traditionswerk hinzu: Ab sofort wurden auch Hürlimann in Treviglio produziert. Fortan firmierte das Unternehmen unter dem Kürzel „L & S & H" (Lamborghini, SAME und Hürlimann).

Die Fusion war sehr erfolgreich und Ende der 1970er-Jahre stellte das Unternehmen weltweit über 10 000 Traktoren pro Jahr her.

Die Lamborghini-Traktoren wurden bereits mehrfach für ihr Design mit Preisen ausgezeichnet: So erhielt der Lamborghini Nitro im Jahr 2013 die Auszeichnung „Golden Tractor for the Design" und im Jahr 2014 den „Red Dot Product Design Award".

Lamborghini R1

Herkunftsland
Italien

Max. Motorleistung (PS/kW)
47/35

Gesamtgewicht (kg)
1420

Motorgröße (ccm)
1758

Abmessungen (L/B/H) in mm
2980/1675/2195

Kleinschlepper

Der R1 ist ein vielseitig einsetzbarer Kompakttraktor für den Wein- und Obstbau, für Gewächshäuser, Gartenbau, Kleinbetriebe, Parkanlagen, Golf- und Sportplätze. Die wassergekühlten 4-Zylinder-Mitsubishi-Motoren erzeugen eine Motorleistung von 35, 41 bzw. 47 PS/26,30 bzw. 35 kW, wobei die letzteren Modelle mit Turboladern ausgestattet sind. Erwähnenswert sind die konstante Betriebstemperatur, niedrige Geräuschentwicklung sowie geringe Schadstoffemissionen. Alle Modelle sind mit einem 12 V + 12 R-Getriebe ausgestattet (4 Synchrongänge, 3 Gruppen). Die Heckzapfwelle wird serienmäßig mit 540 und 1000 U/min angeboten, die Zwischenachszapfwelle (mit der Heckzapfwelle verbunden) bietet 1000 U/min und ist ideal für mittig oder seitlich angebrachte Anbaugeräte. Die Plattform ist auf Silentblöcken gelagert, um die Vibrationen möglichst gering zu halten. Seit dem Jahr 2006 gibt es auch eine Kabinenlösung.

Lamborghini R2

Herkunftsland
Italien

Max. Motorleistung (PS/kW)
83/61

Gesamtgewicht (kg)
2950

Motorgröße (ccm)
4000

Abmessungen (L/B/H) in mm
3560/2330/2440

Mittelschlepper

Auch dieses Modell ist ein vielseitiger Traktor, der vor allem durch sein niedriges Gewichts-Leistungs-Verhältnis besticht. Den R2 gibt es mit vielen verschiedenen Motoren und Ausstattungen. Er bietet bis zu 45 Vorwärts- und ebenso viele Rückwärtsgeschwindigkeiten, ein 5-Gang-Getriebe, wobei die drei Gangbereiche – mit Superkriechgang – Geschwindigkeiten bis zu 40 km/h erlauben. Besonders effizient ist die als Vierrad-Bremssystem ausgeführte Bremsanlage. Durch nasse Scheibenbremsen ergibt sich ein minimaler Verschleiß und die Bremsen können nie zu heiß werden. Die hydrostatische Lenkung besitzt eine unabhängige Pumpe, daher ist ein angenehmes und effizientes Lenken auch bei niedrigen Motordrehzahlen garantiert.

Lamborghini R3

Herkunftsland
Italien

Max. Motorleistung (PS/kW)
91/67

Gesamtgewicht (kg)
3800

Motorgröße (ccm)
4038

Abmessungen (L/B/H) in mm
3950/2458/2790

Mittelschlepper

Die R3-Reihe besitzt ein doppeltes Kühlsystem, durch das der Motor auch bei anspruchsvollsten Arbeiten langfristig effizient gekühlt wird. Erwähnenswert sind auch der geringe Treibstoffverbrauch und ein 160 l fassender Tank für lange Einsatzzeiten. Das Hochleistungsgetriebe ist mit vier Schaltgruppen, mit fünf synchronisierten Gängen und drei lastschaltbaren Übersetzungen pro Gang und somit insgesamt 60 Vorwärts- und 60 Rückwärtsgeschwindigkeiten sehr differenziert. Die hydraulische, lastschaltbare Wendeschaltung ist schnell und präzise und ermöglicht durch bequemes Betätigen eines Hebels unter dem Lenkrad einen sofortigen Richtungswechsel. Wie beim R2 sorgt das Vierrad-Bremssystem durch nasse Scheibenbremsen für einen minimalen Verschleiß, wobei die Bremsen nie zu heiß werden können.

Landini

Italiens älteste Traktorenfabrik

Im Jahr 1884 gründete Giovanni Landini in Fabbrico (Italien) ein Werk für die Produktion von Maschinen für Weinbau und Landwirtschaft. Nachdem er 1910 einen ersten stationären Glühkopfmotor konstruiert hatte, wurde im Jahr 1924 der Prototyp des ersten Traktors mit diesem Motor, das Modell 25/30, präsentiert. Landini selbst konnte den Erfolg seiner Arbeit leider nicht mehr miterleben, da er im selben Jahr verstarb. 1934 begann man mit der Produktion des Modells SL 50 SuperLandini, der 48 PS/35 kW erzeugte, einen Kühler besaß und in Italien großen Absatz fand.

Nach dem Zweiten Weltkrieg übersiedelte das Unternehmen ins oberitalienische Como und stellte 1955 mit dem Modell L55 den bislang leistungsstärksten Landini-Traktor mit Glühkopfmotor her. Zwei Jahre später wurde ein Abkommen mit „Perkins Engines Peterborough" für die Produktion der englischen Dieselmotoren in Italien unterzeichnet, und bis heute sind alle Landini-Traktoren mit Perkins-Motoren ausgerüstet.

Der erste Landini-Raupenschlepper wurde im Jahr 1959 vorgestellt, es handelte sich um das Modell C35. Noch heute hält Landini im Bereich der kleinen und mittleren landwirtschaftlichen Raupenschlepper die Marktführerschaft. Im selben Jahr wurde das Unternehmen vom kanadischen Konzern Massey-Ferguson übernommen, profitierte davon und eröffnete 1968 ein neues Werk in Aprilla für die Produktion von Erdbewegungsmaschinen im oberen Leistungsbereich.

Italiens älteste Traktorenfabrik produzierte Topgeräte wie z. B. den Powermax 160.

Meilensteine in der Firmengeschichte waren die Modelle 6500, 7500 und 8500 (1973) mit dem revolutionären 12+4-Schaltgetriebe (12 Vorwärts- und

Ein wunderschön renovierter L25

4 Rückwärtsgänge). Im Jahr 1977 wurde erstmals in Europa ein Traktor mit 100 PS/74 kW Leistung hergestellt (Allradantrieb), der auch bezüglich Ausstattung neue Maßstäbe setzte. 1982 begann man mit der Produktion der ersten Spezialtraktoren für den Obstbau, vier Jahre später mit Traktoren für den Weinbau.

Nachdem 1988 die mittleren Modelle 60, 70 und 80 modernisiert wurden, verkaufte Massey-Ferguson 66 % seiner Anteile und die Firma kam durch die Eingliederung in die „Unione Manifatture" an die Spitze der Traktorenindustrie. 1991 wurde eine Niederlassung in Frankreich eröffnet und 1994 übernahm die Familie Morra mit der Finanzierungsgesellschaft ARGO S.p.A. ein Mehrheitspaket von Landini. Seitdem ist das Unternehmen durchgehend erfolgreich, steigerte die Traktorenjahresproduktion 1995 auf erstmals über 14 000 Stück, modernisierte die Anlage in Fabricco und baute eine neue Fabrikanlage in San Martino für mechanische Bearbeitungen und Getriebeherstellung.

Landini expandierte weltweit und legte großen Wert auf Qualitätskontrolle und laufende Modernisierung. Die bekanntesten Modelle der letzten Jahre sind die Traktoren REX Obstbau, REX Weinbau, Mythos, Ghibli, Atlantis, Atlas und New Trekker. Mit der Serie Vision nimmt Landini eine technologische Spitzenposition in der Leistungsklasse von 80 bis 100 PS/59 bis 74 kW ein, mit dem Powermaster gibt es eine neue Baureihe in der oberen Leistungsklasse (185 bis 220 PS/136 bis 162 kW).

Landini Trekker 60f compact

Herkunftsland
Italien

Max. Motorleistung (PS/kW)
59/43

Gesamtgewicht (kg)
2730

Motorgröße (ccm)
3054

Abmessungen (L/B/H) in mm
3100/1130/2100

Kleinschlepper

Vor allem im Bereich der Großschlepper werden immer wieder Raupentraktoren produziert. Aber auch im Spezialbereich beim Obst- und Weinbau kommen kleine Raupentraktoren wie der 60f compact zum Einsatz. Der 16-Ventil-4-Zylinder-Motor von Yanmar mit Direkteinspritzung schafft beim 60f 59 PS/43 kW, das Getriebe hat 16 Vorwärts- und acht Rückwärtsgänge. Jede Raupenkette ist auf fünf Rollen mit Dauerschmierung gelagert. Die Raupenspannung wird über eine hydraulische Spannvorrichtung gewährleistet.

Landini Rex 80 S

Herkunftsland
Italien

Max. Motorleistung (PS/kW)
74/45

Gesamtgewicht (kg)
2445

Motorgröße (ccm)
3300

Abmessungen (L/B/H) in mm
2370/3822/1377

Kleinschlepper

Die Reihe Rex ist in drei unterschiedlichen Modellen erhältlich, die wiederum in zwei Varianten gebaut wurden: als Modell V für den Wein- und als Modell S für den schmalen Obstbau. Um möglichst enges Wenden zu ermöglichen, bietet die Lenktriebachse mit Ölbad-Scheibenbremsen einen Einschlagwinkel von 55°. Das mechanische Wendegetriebe ermöglicht 24 Vorwärts- und 12 Rückwärtsgänge, der 3-Zylinder-Perkinsmotor treibt den Rex mit maximal 40 km/h an. Das mechanisch gesteuerte Heckhubwerk des 80 S schafft 2600 kg.

Landini Alpine 65

Herkunftsland	Italien
Max. Motorleistung (PS/kW)	69/51
Gesamtgewicht (kg)	3050
Motorgröße (ccm)	3331
Abmessungen (L/B/H) in mm	4020/1820/2413
Kleinschlepper	

Der niedrigere Schwerpunkt und die Anwendung von Hinterreifen mit kleinerem Durchmesser (28 Zoll) machen den Alpine für die Heuernte sowie für den Einsatz in Hügel- und Berggebieten und in Standardobstanlagen geeignet. Um die Wendemanöver zu optimieren, wurde das System FAST-RUN eingeführt. Dieses besteht aus einer im Ölbad laufenden Mehrscheiben-Doppelkupplung. Die erste Kupplung dient zur Zuschaltung des Allradantriebs, während die andere bei einem Einschlagwinkel von über 35° die Drehgeschwindigkeit der Vorderräder erhöht und einen Einschlagwinkel von 60° ermöglicht.

Landini Mistral 50

Herkunftsland	Italien
Max. Motorleistung (PS/kW)	47/35
Gesamtgewicht (kg)	1460
Motorgröße (ccm)	2189
Abmessungen (L/B/H) in mm	3300/1290/1700
Kleinschlepper	

Mit dem kleinen Mistral bedient Landini auch das Segment der Kommunal- und Rasentraktoren. Das Basisgetriebe mit Kriechganggetriebe bietet insgesamt 32 Gänge zur Auswahl. Das vollständig synchronisierte Wendegetriebe ermöglicht alle Schaltstufen zu reversieren, wodurch 16V+16R erreicht werden. Der Mistral kommt in vier Modellen zwischen 35 PS/26 kW und 54 PS/40 kW vor, die Yanmar-Motoren sind entweder 3-Zylinder (beim Mistral 40) oder 4-Zylinder mit Direkteinspritzung. Das Heckhubwerk schafft 1200 kg, optional ist ein Fronthubwerk mit einer Hubkraft von 400 kg erhältlich.

Landini Trekker 105 STD

Herkunftsland
Italien

Max. Motorleistung (PS/kW)
98/72

Gesamtgewicht (kg)
4690

Motorgröße (ccm)
4400

Abmessungen (L/B/H) in mm
3500/1750/2300

Mittelschlepper

Auch für das mittlere Segment produziert Landini Raupentraktoren wie die STD-Serie. Diese kommt in drei Modellen im Leistungsbereich von 81 PS/60 kW bis 98 PS/72 kW vor. Der Landini Trekker 105 Standard ist vor allem für Arbeiten in unwegsamem und steilem Gelände sowie für Arbeiten auf Lehm- und Steinböden konzipiert. Der 4-Zylinder-Saugmotor stammt von Perkins, das mechanische Hubwerk mit Positions-, Zugkraft-, Schwimmstellungs- und Intermix-Regelung ist mit Dreipunktgestänge ausgestattet und gewährleistet eine maximale Hubkraft von 2650 kg.

Landini Vision 105

Herkunftsland
Italien

Max. Motorleistung (PS/kW)
98/72

Gesamtgewicht (kg)
4160

Motorgröße (ccm)
4400

Abmessungen (L/B/H) in mm
4440/1850/2680

Mittelschlepper

Die Reihe Vision besteht aus drei Modellen zwischen 81 PS/60 kW und 98 PS/72 kW. Das Getriebe mit fünf Geschwindigkeiten ist in zwei Versionen – Standard und Power Five – erhältlich und ermöglicht eine maximale Geschwindigkeit von 40 km/h. Der Traktor ist mit einem Kriechganggetriebe ausgerüstet, dadurch wird eine minimale Geschwindigkeit von 0,4 km/h erreicht. Im Heckhub schafft der Vision 1 054 350 kg, im Fronthub 2400 kg.

Landini Powerlift

Herkunftsland
Italien

Max. Motorleistung (PS/kW)
150/110

Gesamtgewicht (kg)
8000

Motorgröße (ccm)
4400

Abmessungen (L/B/H) in mm
5520/2340/3420

Mittelschlepper

Mit dem Powerlift legt Landini einen Teleskoplader vor, der gleichzeitig ein geprüfter landwirtschaftlicher Traktor ist, sprich er vereint die Möglichkeiten eines Laders mit denen eines Traktors. Der Powerlift ist vorn mit einem Teleskopausleger von 9 m Höhe mit 3500 kg Hubkraft ausgestattet. Hinten verfügt der Teleskoptraktor über eine Zapfwelle und ein hydraulisches Hubwerk, das ein Dreipunktgestänge mit 4500 kg Hubkraft bietet. Somit sind die Einsatzgebiete des Powerlift sowohl die klassische Landwirtschaft, aber auch Industrie und Forstwirtschaft.

Landini Powerfarm 105

Herkunftsland
Italien

Max. Motorleistung (PS/kW)
98/72

Gesamtgewicht (kg)
3450

Motorgröße (ccm)
4400

Abmessungen (L/B/H) in mm
4160/2063/2490

Mittelschlepper

Die fünf Modelle der Reihe Powerfarm leisten zwischen 58 PS/43 kW und 98 PS/72 kW. Die Perkins-Motoren mit Direkteinspritzung haben vier Zylinder (bis auf den Powerfarm 60 mit drei), das hydraulische Wendegetriebe ermöglicht 32 Vorwärts- und 16 Rückwärtsgänge. Das augenfälligste Merkmal des Traktors ist die Rundumsicht von 360°, die die Kabine „TOTAL VIEW" mit ihren am hinteren Pfosten angeschlagenen Ganzglas-Seitentüren bietet. Außerdem verfügt die Kabine über eine durchsichtige Dachluke.

Landini Landpower 185

Herkunftsland	Italien
Max. Motorleistung (PS/kW)	183/135
Gesamtgewicht (kg)	6250
Motorgröße (ccm)	5985
Abmessungen (L/B/H) in mm	5450/2486/2880
Großschlepper	

Landinis Landpower kommt in fünf Modellen zwischen 117 PS/86 kW und 183 PS/135 kW vor. Die Kraft kommt von 6-Zylinder-Perkins-Motoren, das Top-Tronic-Getriebe mit Kriechgang ermöglicht beim Spitzenmodell der Reihe, dem 185, 108 Vorwärts- und 36 Rückwärtsgänge. Die Geschwindigkeitsregelung Cruise Control, kombiniert mit der elektronischen Steuerung des Motors, ermöglicht dem Fahrer, die Motordrehzahl einzustellen und bei Lastveränderungen konstant zu erhalten, was zu einer größeren Produktivität erheblich beiträgt.

Landini Powermaster 220

Herkunftsland	Italien
Max. Motorleistung (PS/kW)	213/157
Gesamtgewicht (kg)	7250
Motorgröße (ccm)	6728
Abmessungen (L/B/H) in mm	5500/2415/3000
Großschlepper	

Die drei Modelle der Serie Powermaster sind mit 6-Zylinder-Turbomotoren der Serie Iveco Nef ausgerüstet. Diese Motoren verfügen über 24 Ventile und ein Hochdruck-Common-Rail-Einspritzsystem. Das Autopowershift-Getriebe ermöglicht 32 Vorwärts- und 24 Rückwärtsgänge, optional ist auch ein Kriechganggetriebe erhältlich. Mit diesem erhöht sich die Gangzahl auf 48 Vorwärts- und 40 Rückwärtsgänge. Das Heckhubwerk des Powermaster 220 schafft 10 900 kg, der Wenderadius liegt dank des maximalen Einschlagwinkels von 55° bei 5,4 m.

Lindner

Erfolg mit dem „Bauernfreund“

Im Jahr 1946 begann der Tiroler Ingenieur Hermann Lindner mit der Produktion von Gebirgsgattersägen. Zwei Jahre später wurden dann die ersten Traktoren handwerksmäßig erzeugt. Den Grundstein für den heutigen Erfolg des Unternehmens legte Lindner 1953 mit der Entwicklung des ersten Traktors mit 4-Rad-Antrieb in Österreich. Es war das Modell L 20 A, das mit einem liegenden 1-Zylinder-Motor von Jenbacher ausgestattet war. Legendär war das Modell L 14, ein in Blockbauweise konstruierter Leichttraktor, der unter dem Namen „Bauernfreund“ berühmt wurde. Dieser Traktor war ideal für Einsätze im Bergland, schonte den Boden und wies eine bessere Sicherheit durch vier gebremste Antriebsräder und Vorteile bei Frontladerarbeiten auf. Im Jahr 1956 wurde eine neue, modernst eingerichtete Fertigungshalle mit 150 Beschäftigten errichtet. Nach dem tragischen Verkehrsunfall des Firmengründers im Oktober 1957 führten seine Söhne Hermann und Rudolf Lindner sowie seine Witwe den Betrieb weiter. Das Unternehmen wuchs sehr rasch und bereits im Jahr 1958 verließen ca. 200 Traktoren monatlich das Werk. Ab dem Jahr 1963 verwendete Lindner Motoren der Marke Perkins, dem weltgrößten Hersteller von Industriedieselmotoren. Mit der Einführung der neuen Traktorenserie 450 N und A sowie 250 N und A mit Perkins-Motoren begann die

Ein feines Familienunternehmen mit Sitz in Kundl in Tirol: die Traktorenbauer Lindner

Spezialisierung auf Grünlandtraktoren. Im Jahr 1968 wurden erste Transportermodelle entwickelt und fünf Jahre später kam es zur Inbetriebnahme der neuen Transporter- und Reparaturhalle.

1976 kam die 420-, 520- und 620-Reihe auf den Markt und ab 1979 produzierte Lindner Transporter, so z. B. für die Firma Rapid in der Schweiz das Modell Rapid AC 1900.

Anfang der 1980er-Jahre kam mit dem 1065 A der erste Lindner-Komforttraktor mit Plattformausführung auf den Markt. Nach Verhandlungen mit Steyr-Daimler-Puch wurde 1984 ein Rahmenvertrag unterzeichnet und 10 Jahre später wurde bereits das 10 000. Steyr-Getriebe geliefert.

Weitere Meilensteine aus der Firmengeschichte

1985: Im Januar wurde die Traktoren-Erfolgsserie – 1450, 1500, 1600, 1650 und 1700 – mit Steyr-Getriebe erstmals vorgestellt.
1988: Verleihung der Landesauszeichnung „Tiroler Adler“.
1990: Eröffnung des 6000 m² großen Ausstellungszentrums.
1992: Vorstellung Unitrac 60.
1994: Vorstellung Unitrac 75 K.
1995: Verleihung des „Tiroler Innovationspreises“.
1996: Vorstellung einer neuen Traktorengeneration – Geotrac.
1998: Vorstellung Unitrac 55/65 und Unitrac 95.
1999: Vorstellung Geotrac 100 A.
2002: Vorstellung Geotrac 83 und 93 und Präsentation des neuen Unitrac 78 mit neuem Perkins-Motor.
2003: Vorstellung Geotrac 73 A auf der Rieder Messe.
2004: 3 Millionen Euro wurden in die Erweiterung der Montagehalle und ein neues Zentrallager investiert.
2005: Der 10 000. Geotrac und der 1000. Unitrac verließen das Werk. Im selben Jahr wurde die Unitrac Serie 2 mit kippbarer Komfortkabine vorgestellt.
2008: Eröffnung des Technologiezentrums und einer neuen Montagehalle.
2013: Mit dem Lintrac präsentiert Lindner den ersten stufenlosen Standardtraktor mit lenkender Hinterachse.
2014: Eröffnung des neuen Innovationszentrums in Kundl

Lindner ist heute das letzte österreichische Familienunternehmen, das sich seit mehr als einem halben Jahrhundert erfolgreich am Markt behauptet. Es besteht aus 220 Mitarbeitern und produziert jährlich 1550 Traktoren und Transporter. Damit zählt Lindner zu den Marktführern im Grünlandsektor in Österreich und ist auch am europäischen Markt stark vertreten.

Lindner Geotrac 103

Herkunftsland
Österreich

Max. Motorleistung (PS/kW)
99/73

Gesamtgewicht (kg)
3720

Motorgröße (ccm)
4400

Abmessungen (L/B/H) in mm
3850/2020/2560

Mittelschlepper

Der Geotrac 103 ist ein sehr kompakter und starker Traktor mit einer Leistung von 99 PS/73 kW bei bereits 2200 Umdrehungen. Auch die technische Ausstattung und der Fahrkomfort sind im vorderen Leistungssegment angesiedelt. Die Fahrerkabine verfügt über ein Freisichtdesign, eine Komfortplattform mit Seitenschaltung, einen luftgefederten Komfortsitz, ein Heizungs- und Lüftungssystem mit 2-stufigem Hochleistungsgebläse und Dachgebläse, eine Dauerstromsteckdose (3-polig) und ein höhen- und neigungsverstellbares Lenkrad. Der Geotrac 103 besitzt einen Tank, der 115 l Treibstoff fasst, und erreicht eine Geschwindigkeit von 40 km/h.

Lindner Geotrac 124

Herkunftsland
Österreich

Max. Motorleistung (PS/kW)
126/93

Gesamtgewicht (kg)
4150

Motorgröße (ccm)
4400

Abmessungen (L/B/H) in mm
4150/2320/2761

Mittelschlepper

Der Geotrac 124 bietet hochwertige Komponenten auf dem neuesten Stand der Technik und ist mit einer Motorleistung von 126 PS/93 kW der bisher stärkste Lindner-Traktor. Der Tankinhalt von 140 l sorgt für lange Arbeitseinsätze, die Geschwindigkeit beträgt bis zu 50 km/h. Der Fahrkomfort in der Panorama-Komfortkabine ist von hoher Qualität, ebenso die Fahrsicherheit (Freisichtscheibe, Sicherheitszelle mit ROPS- und FOPS-Prüfung, Frontscheiben in Verbund-Sicherheitsglas usw.). Der Lenkeinschlag liegt bei 50°, der Wendekreisdurchmesser bei 9,5 m. Der Geotrac 124 verfügt über ein 24/8-Gang-ZF-Steyr-Lastschaltgetriebe mit Dreifach-Lastschaltung sowie über hydraulisch betätigte nasse Mehrfachscheibenbremsen mit automatischer Allradzuschaltung bei jedem Bremsvorgang.

Lindner Geotrac 73

Herkunftsland
Österreich

Max. Motorleistung (PS/kW)
75/55

Gesamtgewicht (kg)
2950

Motorgröße (ccm)
3300

Abmessungen (L/B/H) in mm
3970/1970/2450

Kleinschlepper

Der Geotrac 73 ist zwar der kleinste aus der Geotrac-Serie, verfügt aber mit 75 PS dennoch über viel Durchzugskraft und ein vorzügliches Drehmoment. Auch der kleinste Perkins-Motor ist mit einem modernen Filtersystem ausgestattet und damit umweltschonend.

Die Komfortkabine ist im Freisichtdesign gestaltet, besitzt eine Komfortplattform mit Seitenschaltung, grün getönte Panoramaverglasung, ausstellbare Seitenscheiben und Heckscheiben u. v. m.

Der Geotrac 73 hat ein 16/8-Gang-Vollsynchron-Wendegetriebe, auf Wunsch ein Power-2-Schaltgetriebe und erreicht eine Geschwindigkeit von 40 km/h.

Lindner Geotrac 93

Herkunftsland
Österreich

Max. Motorleistung (PS/kW)
91/67

Gesamtgewicht (kg)
3380

Motorgröße (ccm)
4400

Abmessungen (L/B/H) in mm
3790/1970/2450

Mittelschlepper

Der Geotrac 93 bietet hohe technische Qualität und umfangreiche Ausstattung zu einem sehr günstigen Preis. Er verfügt über ein 16/16-Gang-Power-2-Lastschaltgetriebe, eine Motorstärke von 91 PS/67 kW und erreicht eine Geschwindigkeit von bis zu 40 km/h. Die Komfortkabine besitzt ein Freisichtdesign, eine Komfortplattform mit Seitenschaltung, einen Komfortsitz, Innenbeleuchtung, Schiebefenster, hinten Heizungs- und Lüftungssystem mit 2-stufigem Hochleistungsgebläse und Dachgebläse, Tankuhr und Startsperre. Die Lenkung ist hydrostatisch, der Lenkeinschlag beträgt 50°.

Massey-Ferguson

Aus drei mach eins

Die berühmten roten Traktoren mit dem grauen Dach sind das Ergebnis zweier Fusionierungen. Im Jahr 1847 gründete Daniel Massey (1798–1856) in Kanada eine Firma, die landwirtschaftliche Geräte herstellte. 10 Jahre später begann Alanson Harris (1816–1894) ebenfalls in Kanada landwirtschaftliche Geräte zu entwickeln und herzustellen. Die beiden Firmengründer waren unabhängig voneinander erfolgreich und wurden zu Konkurrenten, bis sie 1891 zur Firma Massey-Harris fusionierten. 1915 brachte Massey-Harris den ersten Traktor für die Bull Tractor Company auf den Markt, ein Dreirad mit 24 PS. Der Traktor floppte allerdings. 1928 kaufte Massey-Harris den Traktorenkonzern Wallis auf, zwei Jahre später erschien der erste selbst entwickelte Traktor. 1938 brachte die Firma den ersten kommerziell sehr erfolgreichen selbstfahrenden Mähdrescher auf den Markt, beim Traktorenbau versäumte man aber den Anschluss. Nach dem Krieg wurden die Vorkriegsmodelle einfach modernisiert, doch das Fehlen einer Dreipunktkupplung machte sich in den Verkaufszahlen bemerkbar.

Der Ire Henry George (Harry) Ferguson (1884–1960) war ein begnadeter Bastler und Erfinder. Vor dem Ersten Weltkrieg bastelte er an Automobilen und Fluggeräten, während des Krieges stieg er ins Traktorgeschäft ein

Aus drei mach eins – aus den Firmen von Daniel Massey, Alanson Harris und Harry Ferguson wurde Massey-Ferguson.

Harry Ferguson war genialer Erfinder, Entwickler – und Ästhet. Im Bild: Ferguson Black

und vertrieb den Waterloo Boy in Irland und Großbritannien. Nach dem Krieg begann Ferguson mit neuen Pflügen zu experimentieren. 1919 stellte er der Öffentlichkeit einen zweifurchigen Pflug vor, der vom Heck des Traktors aus mithilfe eines Hebels angehoben werden konnte.

So entwickelte er die revolutionäre Dreipunktkupplung für Traktoren und 1933 auch gleich noch den passenden Traktor dazu, den ungewöhnlich eleganten Ferguson Black.

Ferguson kooperierte mit David Brown und später mit Henry Ford, nur um beide Partner wieder stehen zu lassen. Doch 1953 war es dann für ihn so weit. Massey-Harris fusionierten mit Harry Ferguson, innerhalb eines Jahres jedoch verließ Harry Ferguson das Unternehmen, da er nicht mehr die volle Kontrolle hatte – er wendete sich der Automobiltechnik zu, baute Rennwagen und entwickelte u. a. den Allradantrieb. 1958 wurde das Unternehmen Massey-Ferguson amtlich eingetragen.

Massey-Ferguson hatte von der Fusionierung weg bereits weltweite Bedeutung, allein schon aufgrund der Standorte in Europa, Kanada und den USA, und war zeitweise der größte Traktorenhersteller der Welt. Die ersten Jahre der Fusion verliefen ruhig, im Prinzip wurden die bewährten Modelle unverändert weiterproduziert.

Von 1957 an begann der Konzern sich neu zu strukturieren; die noch heute gebräuchlichen Firmenfarben Rot und Grau wurden eingeführt, durch die Übernahme des Dieselmotor-Herstellers Perkins waren die anglokanadischen Traktorenbauer nicht mehr auf den Zukauf angewiesen. 1964 kamen die Red Giants mit Hydrauliksystemen und Multipower-Getriebe auf den Markt. Ab den späten 1970ern setzte auch Massey-Ferguson auf die Entwicklung PS-starker Geräte, die Einbrüche der Verkaufszahlen Anfang

Einer der genialsten Traktoren Harry Fergusons: der TE 20

der 1980er-Jahre machte sich aber auch bei dem Traktorgiganten bemerkbar. Standorte mussten aufgegeben und Werke geschlossen werden. 1986 brachte Massey-Ferguson die 300er-Serie auf den Markt, kostengünstige, einfache Traktoren, die vor allem in Entwicklungsländern zum Einsatz kamen. 1994 wurde Massey-Ferguson vom AGCO-Konzern übernommen, der die Anzahl der verschiedenen Baureihen radikal kürzte und auch die Entwicklung von Riesentraktoren stoppte, da bereits andere Töchter des Konzerns in diesem Segment produzierten. Nichtsdestotrotz ist Massey-Ferguson die „Cash-Cow" von AGCO – so haben die rotweißgrauen Traktoren im Jahr 2006 gleich die Hälfte des AGCO-Umsatzes erwirtschaftet.

Der 3435 CF Crawler

Massey Ferguson 420

Herkunftsland
Kanada

Max. Motorleistung (PS/kW)
64/47

Gesamtgewicht (kg)
2275

Motorgröße (ccm)
3300

Abmessungen (L/B/H) in mm
3510/o. A./2380

Kleinschlepper

Der kleinste Massey wird in drei Modellen angeboten. Ausgestattet mit einem 3-Zylinder-Perkins-Motor decken die Modelle das Segment von 55 PS/40 kW bis 74 PS/54 kW ab. Das mechanische Getriebe ist mit acht Vorwärts- und zwei Rückwärtsgängen ausgestattet, die Maximalgeschwindigkeit liegt bei 35 km/h. Die Modelle der Serie MF 400 sind als Haupttraktor eines Kleinbetriebs wie auch als Universal-Arbeitsgerät auf größeren Höfen oder Obstplantagen oder in großen Treibhäusern gleichermaßen geeignet.

Massey Ferguson 2415

Herkunftsland
Kanada

Max. Motorleistung (PS/kW)
47/35

Gesamtgewicht (kg)
1320

Motorgröße (ccm)
1758

Abmessungen (L/B/H) in mm
3056/1036/2290

Kleinschlepper

Die drei Modelle im Leistungsbereich 33 PS/24 kW bis 47 PS/35 kW richten sich an landwirtschaftliche Klein- und Gartenbaubetriebe sowie den Landschaftspflege-, Kommunal- und Sportbereich. Der maximale Lenkwinkel von 57° und eine separate Lenkpumpe ermöglichen auch auf engstem Raum sicheres und leichtes Rangieren. Das 12-Gang-Synchrongetriebe ist serienmäßig mit einer Wendeschaltung ausgestattet und ermöglicht Fahrtgeschwindigkeiten von 0,74 bis 30 km/h. Die Hubkraft liegt am Heck bei 1200 kg und beim integrierten Frontkraftheber bei 400 kg.

Massey Ferguson 3635 V

Herkunftsland Kanada
Max. Motorleistung (PS/kW) 80/59
Gesamtgewicht (kg) 3200
Motorgröße (ccm) 3300
Abmessungen (L/B/H) in mm 3984/1616/2300
Kleinschlepper

Die neue Baureihe umfasst vier Modelle von 58 PS/43 kW bis 91 PS/67 kW, die alle entweder mit Hinterrad- oder Allradantrieb ausgestattet sind. Als Varianten gibt es eine Plattform oder eine Kabine mit ebenem Boden. Alle Modelle werden von bewährten Sisu-Dieselmotoren mit Turbolader angetrieben, die Modelle mit Hinterradantrieb verfügen in der Serienausstattung über ein synchronisiertes 12/12-Gang-Getriebe. Für die Modelle mit Allradantrieb stehen weitere Getriebe wie z. B. ein 24/24-Gang-Synchrongetriebe mit Powershuttle zur Auswahl. Die Modelle der Baureihe sind in den Ausführungen V, S und F mit unterschiedlichen Breiten von 1 bis 1,80 m für den Einsatz in Plantagen, Gebäuden oder Weinkulturen erhältlich.

Massey Ferguson 4455

Herkunftsland Kanada
Max. Motorleistung (PS/kW) 90/66
Gesamtgewicht (kg) 3450
Motorgröße (ccm) 4400
Abmessungen (L/B/H) in mm 3960/2180/2700
Mittelschlepper

Die Traktoren der 4400er-Baureihe sind als robuste Universalgeräte am Hof und auch im Forst konzipiert. Der Motor ist an der Vorderseite eines massiven Chassis angebracht. Der Hauptkraftstofftank ist ebenfalls in dieses Chassis integriert, um Beschädigungen des Tanks zu vermeiden.

Die drei Modelle der Reihe haben zwischen 75 PS/55 kW und 90 PS/66 kW und werden von 3- bzw. 4-Zylinder-Turbodieselmotoren von Sisu angetrieben. Das mechanische 12/12-Wendegetriebe ermöglicht Geschwindigkeiten zwischen 0,9 und 40 km/h. Die 4400er-Reihe wird optional mit Plattform oder Kabine angeboten.

Massey Ferguson 5480

Herkunftsland
Kanada

Max. Motorleistung (PS/kW)
145/107

Gesamtgewicht (kg)
4610

Motorgröße (ccm)
4900

Abmessungen (L/B/H) in mm
4370/o. A./2770

Mittelschlepper

Der MF 5400 ist als Frontladetraktor konzipiert – ein (optionales) Glasdach ermöglicht ideale Sicht bei der Arbeit mit dem Hubgerät. Die Hubkraft an der Front beträgt 2500 kg, die Heckhubkraft liegt bei 6000 kg. Die acht Modelle der Baureihe leisten zwischen 75 PS/55 kW und 145 PS/107 kW, das Dyna-4-Getriebe hat vier Hauptgänge und vier Lastschaltstufen und bietet seinem Benutzer 16 Vorwärts- und 16 Rückwärtsgänge, die alle ohne Kupplung schaltbar sind. Die Arbeitsgeschwindigkeiten liegen zwischen 0,6 und 40 km/h, optional gibt es auch ein Superkriechgang-Getriebe mit einer Minimalgeschwindigkeit von 0,2 km/h. Als Motoren stehen wahlweise Sisu- oder Perkins-Dieselmotoren mit vier bzw. sechs Zylindern zur Verfügung.

Massey Ferguson 6495

Herkunftsland
Kanada

Max. Motorleistung (PS/kW)
198/146

Gesamtgewicht (kg)
6550

Motorgröße (ccm)
6600

Abmessungen (L/B/H) in mm
5000/2300/3100

Großschlepper

Mit der 6400er-Baureihe produziert Massey große mittlere und Großschlepper mit 11 verschiedenen Modellen im Leistungsspektrum 100 PS/74 kW bis 230 PS/169 kW. Die einzelnen Modelle sind mit Perkins- bzw. Sisu-Motoren mit vier bzw. sechs Zylindern ausgestattet. Der abgebildete MF 6495 hat einen 6-Zylinder-Turboladeluftkühler von Sisu. Das Dyna-6-Ecogetriebe bietet sechs Lastschaltstufen in vier vollsynchronisierten Gruppen, optional gibt es auch noch ein 12/12-Kriechganggetriebe mit Minimalgeschwindigkeiten von 0,4 km/h. Das eingebaute Autodrive-System ermöglicht es dem Fahrer zu programmieren, bei welcher Motordrehzahl ein Gangwechsel automatisch durchgeführt werden soll.

Massey Ferguson 7495

Herkunftsland	Kanada
Max. Motorleistung (PS/kW)	203/149
Gesamtgewicht (kg)	6940
Motorgröße (ccm)	6600
Abmessungen (L/B/H) in mm	5230/2550/3100
Großschlepper	

Im Unterschied zu den Modellen der 6400er-Reihe hat die 7400er-Reihe ein stufenloses Dyna-VT-Getriebe mit zwei Fahrbereichen. Fahrbereich 1 gilt für Geschwindigkeiten von 0,02 bis 28 km/h, Fahrbereich 2 für Geschwindigkeiten von 0,03 bis 50 km/h. Per Knopfdruck können in jedem der beiden Fahrbereiche zwei Geschwindigkeiten gespeichert werden, die dann ebenfalls per Knopfdruck abrufbar sind. Wenn erforderlich, begrenzt der ECO-Modus die Motordrehzahl auf einen einstellbaren, mittleren Drehzahlbereich.

Massey Ferguson 8480

Herkunftsland	Kanada
Max. Motorleistung (PS/kW)	315/232
Gesamtgewicht (kg)	9410
Motorgröße (ccm)	8400
Abmessungen (L/B/H) in mm	5240/2550/3140
Großschlepper	

Das Spitzenmodell der Königsklasse von Massey, der 8480, wurde 2005 zum „Traktor des Jahres" gekürt. Die vier Modelle der 8400er-Reihe sind mit 6-Zylinder-Turbomotoren von Sisu ausgestattet, das stufenlose Dyna-VT-Getriebe ermöglicht Schleichfahrten von 0,03 und Straßenfahrten von 50 km/h. Der Frontkraftheber schaft 5100 kg, das Heckhubwerk 10,7 t. Für schnelleres, präziseres Arbeiten verwendet das optionale Auto-Guide-Satellitennavigationssystem führende GPS-Technologie, um den Traktor samt Geräten mit höherer Geschwindigkeit und Präzision automatisch zu steuern. Auto-Guide lenkt den Traktor ohne Einwirkung des Fahrers, um Überlappungen oder Auslassungen bei der Bestellung von Feldern zu vermeiden.

Massey Fergusson 7726

Herkunftsland
Frankreich

Max. Motorleistung (PS/kW)
280/206

Gesamtgewicht (kg)
14 000

Motorgröße (ccm)
7400

Abmessungen (L/B/H) in mm
5070/2550/3210

Großschlepper

Die neue Baureihe MF 7700 umfasst neun Modelle, die mit verschiedenen Getrieben erhältlich sind und den Bereich von 140 PS/103 kW bis 255 PS/188 kW abdecken. Das Flaggschiff der Serie, der MF 7726, ist wahlweise mit vollautomatischem Dyna-6- oder stufenlosem Dyna-VT-Getriebe ausgestattet. Außerdem hat er einen AGCO POWER 6-Zylinder-Motor mit 7,4 l Hubraum. Neu bei den MF 7700-Traktoren ist die wartungsfreie Vorderachse mit Vorderachsfederung, die Massey Ferguson selbst entwickelt und gebaut hat und die über 30 Prozent mehr Federweg verfügt.

Massey Ferguson 5713 SL

Herkunftsland
Frankreich

Max. Motorleistung (PS/kW)
130/96

Gesamtgewicht (kg)
4800

Motorgröße (ccm)
4400

Abmessungen (L/B/H) in mm
4771/2360/2822

Mittelschlepper

Die Serie MF 5700 SL ist der Nachfolger der Allrounder-Baureihe MF 5600. Diese wurde komplett überarbeitet und mit vielen Neuerungen ausgestattet. Die vier neuen Modelle werden von modernsten AGCO POWER-4-Zylindermotoren mit 100-130 PS angetrieben. Das wartungsfreie „All in One"-SCR-System mit Diesel-Oxidations-Katalysator (DOC) ist kompakt an der rechten Kabinenunterseite angeordnet. Alle Modelle der Baureihe MF 5700 SL können wahlweise mit Dyna-4- oder Dyna-6-Lastschaltgetriebe ausgestattet werden, welche über eine sehr beliebte Funktion verfügen: Bei Betätigung des Bremspedals wird der Gang automatisch ausgekuppelt und damit zum Beispiel die Arbeit mit dem Frontlader beschleunigt. Hervorzuheben sind bei diesen Traktoren die außergewöhnliche Wendigkeit und das bewährte Freisichtdesign.

Sie eignen sich für ein sehr breites Spektrum an Feld- oder Transportarbeiten. Der MF 5713 SL wurde als „Bester Allzwecktraktor" zum Traktor des Jahres 2016 gewählt.

McCormick

Wie Phönix aus der Asche

Der 1809 in Virginia geborene Cyrus Hall McCormick erleichterte die Arbeit der amerikanischen Farmer, indem er nach Konstruktionsplänen seines Vaters 1831 einen Getreide-Garben-Mäher entwickelte. Nach mehreren Modifikationen ließ er seine Maschine drei Jahre später patentieren und begann sie auf Messen und Ausstellungen in Europa zu präsentieren. Während seines Lebens, Cyrus starb 1884, gelang es dem Agrartechniker, sowohl in den Vereinigten Staaten als auch in Europa mit seinen Maschinen Fuß zu fassen. 1851 wurde Cyrus sogar die Mitgliedschaft in der französischen Ehrenlegion sowie der französischen Akademie der Wissenschaften verliehen. 1902 kam es zum Zusammenschluss mehrerer Agrarfirmen zur International Harvester Company, kurz IHC, vier Jahre später produzierte International Harvester den ersten Traktor des Konzerns. Im selben Jahr entstand eine Firmenniederlassung in Großbritannien. 1908 wurde auch für den deutschen Raum eine Vertretung aufgebaut, das Werk in Neuss am Rhein produzierte vorerst aber nur Erntemaschinen.

1924 wurde einer der legendärsten Traktoren von IHC, der Farmall, das erste Mal der Weltöffentlichkeit vorgestellt.

1937 beschloss IHC, auch in Deutschland Traktoren zu produzieren, das Werk in Neuss war bis Mitte der 1990er-Jahre in Betrieb. Der erste englische Farmall M-Traktor von IHC verließ das Werk in Doncaster im Jahr 1949.

Nach einem 15 Jahre dauernden Dornröschenschlaf im Jahr 2000 wieder erwacht: die Traktoren von McCormick. Im Bild ein TTX 230.

Der Farmall war der Verkaufsschlager von IHC in der Zwischenkriegszeit.

1985 übernahm der Case-Konzern über seine Muttergesellschaft Tenneco die landwirtschaftliche Sparte von IHC, der Markenname McCormick verschwand und schien, wie vor ihm schon Marken wie David Brown oder Lanz, nur mehr von historischem Interesse zu sein.

Im Jahr 2000 erwarb aber die italienische ARGO-Gruppe die Rechte an verschiedenen Traktormodellen und auch am Namen McCormick. Nach 15-jähriger Ruhe wurde McCormick zu neuem Leben erweckt, die rot-grauen Traktoren werden seit ihrer „Wiederauferstehung" im englischen Doncaster produziert und in mehr als 50 Ländern der Welt vertrieben.

Ebenfalls im Traktorensegment von McCormick zu finden: ein Teletrac, eine Kombination von Lader und Traktor. Der Teletrac kann mit seinem Ausleger Lasten von 3,5 t auf fast 9 m heben, gleichzeitig aber auch als vollwertiger Traktor arbeiten. Er wird als einziges Traktorenprodukt nicht im englischen Doncaster, sondern im italienischen Breganze hergestellt.

McCormick CX 75L

Herkunftsland
Großbritannien

Max. Motorleistung (PS/kW)
76/56

Gesamtgewicht (kg)
3050

Motorgröße (ccm)
3331

Abmessungen (L/B/H) in mm
3990/1876/2485

Kleinschlepper

Mit der CX-Serie deckt McCormick den Bedarf an Kleinschleppern ab. Die drei Grundmodelle haben zwischen 68 PS/50 kW und 81 PS/60 kW und werden von 4-Zylinder-Turboladern von Perkins angetrieben. Fünf Geschwindigkeiten mit Kriechgang und mechanischem Wendegetriebe ermöglichen 30 Vorwärts- und 30 Rückwärtsgänge, optional sind 60 V/R-Gänge möglich. Die Heckhubkraft liegt bei 3400 kg, der maximale Lenkeinschlag von 60° ermöglicht Arbeiten in engem Gelände.

McCormick C Max 85

Herkunftsland
Großbritannien

Max. Motorleistung (PS/kW)
81/60

Gesamtgewicht (kg)
3330

Motorgröße (ccm)
4400

Abmessungen (L/B/H) in mm
4136/1732/2560

Mittelschlepper

Die C-Max-Serie kommt in fünf Modellen vor und deckt das Leistungssegment von 58 PS/43 kW bis 98 PS/72 kW ab. Zwei verschiedene Perkins-Motoren mit Direkteinspritzung kommen zum Einsatz, 3- bzw. 4-Zylinder, wobei die beiden stärksten Modelle der Serie 4-Zylinder-Turbolader haben. Beim C Max 85 sind 12 Vorwärts- und 12 Rückwärtsgänge Standard, optional ist auch ein Kriechganggetriebe mit 24 Vorwärtsgängen zu haben. Für Straßenfahrten erreicht der C Max 85 40 km/h Spitze, der Lenkeinschlag liegt bei 55°.

McCormick F 95

Die F-Serie wird in sieben verschiedenen Basismodellen mit 18 möglichen Untervarianten angeboten. Das PS-Spektrum der Serie reicht vom Kleinsegment mit 58 PS/43 kW bis zum mittleren Segment mit 98 PS/72 kW. Die F-Serie deckt vor allem den Arbeitsbereich der Grünpflege und des Kommunal-Einsatzes ab. Der F 95 wird von einem 4–Zylinder-Direkteinspritzer von Perkins angetrieben, das mechanische Wendegetriebe ermöglicht 15 Vorwärts- und 15 Rückwärtsgänge.

Herkunftsland
Großbritannien

Max. Motorleistung (PS/kW)
91/67

Gesamtgewicht (kg)
2854

Motorgröße (ccm)
4400

Abmessungen (L/B/H) in mm
3709/1249/2168

Mittelschlepper

McCormick CX 105

Herkunftsland
Großbritannien

Max. Motorleistung (PS/kW)
102/75

Gesamtgewicht (kg)
3770

Motorgröße (ccm)
4400

Abmessungen (L/B/H) in mm
4209/2147/2740

Mittelschlepper

Während die CX-L-Serie im unteren PS-Bereich angesiedelt ist, sind die vier Modelle der CX-Serie im mittleren Segment zu finden. Sie leisten zwischen 73 PS/54 kW und 102 PS/75 kW. Der CX 105 ist mit zwei Getriebeversionen erhältlich: das Powershift-Getriebe ermöglicht mit optionalem Kriechgang 36 V/R-Gänge und eine Straßenfahrtgeschwindigkeit von 40 km/h. Vom Konzept her ist der CX 105 ein Allrounder, für Arbeiten am Acker ebenso gedacht wie für Hofarbeiten.

McCormick MC 135 Power 6

Herkunftsland
Großbritannien

Max. Motorleistung (PS/kW)
136/100

Gesamtgewicht (kg)
5830

Motorgröße (ccm)
6000

Abmessungen (L/B/H) in mm
4811/2300/2810

Mittelschlepper

Die fünf Modelle der MC-Serie leisten zwischen 90 PS/66 kW und 136 PS/100 kW. Das Spitzenmodell der Reihe, der MC 135, wird von einem 6-Zylinder-Turbo mit Intercooler angetrieben. Das Getriebe hat 32 Vorwärts- und 24 Rückwärtsgänge mit Kriechgang, der Lenkeinschlag von 55° ermöglicht den geringen Wenderadius von 4,8 m. Die Heckhubkraft liegt beim MC 135 Power 6 bei 6602 kg, das Service-Intervall für die Wartung liegt mit 1000 Betriebsstunden sehr hoch.

McCormick T 100

Herkunftsland
Großbritannien

Max. Motorleistung (PS/kW)
95/71

Gesamtgewicht (kg)
5130

Motorgröße (ccm)
3990

Abmessungen (L/B/H) in mm
3500/1750/1290

Mittelschlepper

Mit der T-Serie deckt McCormick den Bedarf an kleinen und mittleren Raupentraktoren ab, die vor allem auf Lehmböden und in steiniger, gebirgiger Umgebung zum Einsatz kommen. Aber auch für den Spezialeinsatz in Reihenkulturen, Obst- und Weinbau sind die grau-roten Raupentraktoren konzipiert worden.

Die vier Basismodelle leisten zwischen 80 PS/59 kW und 95 PS/71 kW und sind in einer Standard- und in einer Schmalvariante erhältlich. Die Motoren sind Direkteinspritzer von Perkins, das Standardgetriebe mit Kriechgang ermöglicht 16 Vorwärts- und acht Rückwärtsgänge. Die Heckhubkraft liegt bei allen Modellen bei 2650 kg.

McCormick MTX 150

Herkunftsland	Großbritannien
Max. Motorleistung (PS/kW)	150/110
Gesamtgewicht (kg)	6160
Motorgröße (ccm)	6750
Abmessungen (L/B/H) in mm	5160/2300/ o. A
Mittelschlepper	

Mit der MTX-Serie betritt McCormick den Bereich der Großschlepper. Sechs Modelle werden in dieser Reihe angeboten, das Leistungsspektrum reicht von 119 PS/88 kW (der MTX 120) bis zu 200 PS/147 kW (der MTX 200). Der MTX 150 wird mit (optionalem) Kriechgang mit 32 Vorwärts- und 24 Rückwärtsgängen angeboten und erreicht Geschwindigkeiten von 0,4 bis 40 km/h. Die Heckhubkraft liegt beim MTX 150 bei 6000 kg, das Spitzenmodell der Serie, der MTX 200, schafft fast 11 t. Das Fronthubwerk bewältigt bei allen Modellen der Serie bis zu 3700 kg.

McCormick XTX

Die Großtraktoren der Serie XTX leisten mit ihren drei Modellen zwischen 198 PS/146 kW und 225 PS/165 kW. Das Heckhubwerk schafft 10 950 kg, das Getriebe ermöglicht mit optionalem Kriechgang 48 Vorwärts- und 40 Rückwärtsgänge. Trotz der großen Maße des Traktors ist der XTX wendig, der Wendekreis liegt nämlich bei nur 5,4 m, der Lenkeinschlag beträgt 55°. Mit der XTX-Serie hat McCormick anscheinend die Bedürfnisse großer Landbaubetriebe getroffen, die Modellreihe ist deshalb im Jahr 2006 zum „Traktor des Jahres" gewählt worden.

Herkunftsland	Großbritannien
Max. Motorleistung (PS/kW)	225/165
Gesamtgewicht (kg)	8045
Motorgröße (ccm)	6700
Abmessungen (L/B/H) in mm	5307/2510/3012
Großschlepper	

New Holland

Einer der weltweit führenden Landmaschinenhersteller

New Holland zählt heute zu den weltweit führenden Herstellern von Traktoren und Erntemaschinen, obwohl der Name erst seit dem Jahr 1986 auf der Karosserie von Traktoren zu lesen ist. Der große Erfolg ist auf die Stärke eines multinationalen Konzerns zurückzuführen, wobei das Unternehmen mit seinen mehr als 5000 Vertragshändlern und Verteilern auf der ganzen Welt jedoch auch intensiv auf die Bedürfnisse des lokalen Marktes eingeht. Heute stammen nicht weniger als 20 % aller weltweit verwendeten Traktoren von New Holland.

Die Firma New Holland wurde im Jahr 1895 von einem gewissen Abe Zimmerman in New Holland im US-Bundesstaat Pennsylvania gegründet, von dieser Ortschaft ist auch der Firmenname abgeleitet. 1947 fusionierte das Unternehmen mit der Sperry Corporation und nannte sich von nun an Sperry-New Holland. Die Sperry Corporation produzierte vor allem optische und nautische Geräte und stieg während des Zweiten Weltkriegs in die Hochtechnologie wie den Bau von Zielgeräten für Bomben oder Radarsystemen ein. Nichtsdestotrotz schien aber der Bereich der Landwirtschaft für Sperry von Interesse.

New Holland TL 100

1991 fusionierte New Holland mit Fiat. Der legendäre Fiatagri 100 wurde bereits fünf Jahre vor der Fusionierung gebaut und entwickelte sich zu einem der beliebtesten Fiatagri-Modelle. Die letzten Geräte wurden noch 2006 hergestellt und – wie der Traktor auf diesem Bild – auch als New Holland 100 bezeichnet.

Im Jahr 1975 wurde ein Meilenstein in der Geschichte der Getreideernte gesetzt, indem Sperry-New Holland den ersten Axialmähdrescher auf den Markt brachten. Im Gegensatz zu konventionellen Mähdreschern sind beim Axialmähdrescher Dresch- und Abscheideorgan axial angebracht. Bereits 11 Jahre früher, also 1964, kaufte New Holland den belgischen Landmaschinenhersteller Claeys auf.

Ab Mitte der 1980er-Jahre begann sich das Kaufkarussell mit New Holland so richtig zu drehen. 1986 fusionierte Sperry mit der Burroughs Corporation und stieß den Landwirtschaftssektor ab. New Holland wanderte zur Ford Motor Company.

Ein Jahr später wurde der kanadische Landmaschinenhersteller Versatile von Ford aufgekauft und ein Teil von Ford-New Holland. Versatile war eine der legendärsten Traktormarken, schließlich baute die Firma den bisher größten Traktor der Welt, den Versatile 1080. Besser bekannt unter dem Namen Big Roy, hatte der Prototyp, der Ende der 1970er präsentiert wurde, 600 PS/441 kW, einen 19-l-Cummins-Motor, vier Achsen mit acht Rädern und wog unglaubliche 26 t. Trotz des Erfolges mit seinen Riesentraktoren – oder gerade deswegen – wurde Versatile aber von Ford übernommen.

Seit dem Jahr 2000 sind die New-Holland-Traktoren „blau" – im Bild ein 110-90 aus dem Jahr 2002.

Die gemeinsame Geschichte von Ford und New Holland war eine kurze. Fünf Jahre nach der Übernahme, also im Jahr 1991, verkaufte Ford New Holland zusammen mit der eigenen Traktorenproduktion an Fiat, dessen eigene Landwirtschaftssparte seit 1984 Fiatagri hieß.

Ab dem Jahr 1993 begann man Traktoren unter der Marke New Holland herzustellen, da es Fiat trotz der Übernahme von Ford nur bis zum Jahr 2000 erlaubt war, Traktoren auch weiterhin unter dem Markennamen Ford zu vertreiben. Bis 1997 wurden die Traktoren in den Traditionsfarben beider Hersteller lackiert, seit dem Jahr 2000 tragen sie nur noch den Markennamen New Holland und sind durchwegs in Blau lackiert. Lediglich die Mähdrescher sind weiterhin in Gelb lackiert.

Nachdem Fiat 1999 auch noch die Case Corporation übernahm, wurde aus beiden Unternehmen der Land- und Baumaschinenkonzern Case New Holland, der zu rund 90% Fiat gehört.

Bekannt sind vor allem die Serien TN (zwischen 50 PS/37 kW und 72 PS/ 53 kW mit einem besonders abgasarmen 3-Zylinder-Dieselmotor), TL (zwischen 65 PS/48 kW und 95 PS/70 kW mit einem 4-Zylinder-Turbodieselmotor) oder TM, dessen Spitzenmodell TM 165 mit einem 6-Zylinder-Turbodiesel ausgestattet ist.

Das Unternehmen zeichnet sich vor allem durch seine unglaubliche Vielseitigkeit aus und bietet Modelle für den Kleinbetrieb als auch Hochleistungstraktoren. Ein wichtiges Segment sind die Winzerbetriebe, wobei vor allem die Traubenlesemaschinen sehr beliebt sind.

New Holland T 3030

Herkunftsland
Italien/USA

Max. Motorleistung (PS/kW)
48/35

Gesamtgewicht (kg)
1610

Motorgröße (ccm)
2189

Abmessungen (L/B/H) in mm
3300/1380/1930

Kleinschlepper

Die vier Modelle der T 3000-Serie sind für den kommunalen Einsatz wie auch für Garten- und Landschaftsbau konzipiert: Allradachse mit Lenkeinschlag von 55°, zwei Zapfwellendrehzahlen (540/540E/Wegzapfwelle) und ein Heckhubwerk mit einer Hubkraft von 1200 kg sind Merkmale der Reihe. Die Motoren sind wassergekühlte 3- bzw. 4-Zylinder-Dieselmotoren, das Standardgetriebe hat 12 Vorwärts- und 12 Rückwärtsgänge, optional ist ein 16×16-Getriebe mit Kriechgang zu haben, das Minimalgeschwindigkeiten von 0,25 km/h erlaubt.

New Holland TN 95N

Herkunftsland
Italien/USA

Max. Motorleistung (PS/kW)
92/68

Gesamtgewicht (kg)
2720

Motorgröße (ccm)
3908

Abmessungen (L/B/H) in mm
3630/1070/2340

Mittelschlepper

Die TNN-A- und TNV-A-Traktoren bedienen ebenfalls das Segment der Spezialtraktoren. Die sieben Modelle werden mit drei verschiedenen Hauptgetrieben angeboten, die auf Wunsch alle um eine Kriechgruppe erweitert werden können: das Dual Command™-Getriebe, ein elektrohydraulisches Getriebe mit 32 Vorwärts- und 16 Rückwärtsgängen (44×16 bei Ausstattung mit Kriechgruppe), das Split Command™-Getriebe mit synchronisierter Stufen- und Wendeschaltung sowie das Shuttle Command™-16×16-Synchrongetriebe (28×16 bei Ausstattung mit Kriechgruppe) mit synchronisierter Wendeschaltung. Die automatische Allradschaltung schaltet den Allradantrieb nach Bedarf ein oder aus. Wenn der Schlupf an den Hinterrädern mehr als 5 % beträgt, wird der Allradantrieb eingeschaltet. Sobald der Schlupf einen Wert unter 5 % erreicht, schaltet das System den Allradantrieb wieder ab.

New Holland TD 95 D

Herkunftsland
Italien/USA

Max. Motorleistung (PS/kW)
94/69

Gesamtgewicht (kg)
3650

Motorgröße (ccm)
3908

Abmessungen (L/B/H) in mm
4107/1808/2615

Mittelschlepper

Die TDD-Reihe kommt in drei verschiedenen Modellen vor, die von 4-Zylinder-Turbomotoren angetrieben werden. Die Motoren sind für New Holland von Iveco entwickelt worden. Das Getriebe hat Gangzahlen von 12×12 bzw. 20×12 und ermöglicht Geschwindigkeiten von 1,8 (bzw. 0,3 im Kriechgang) bis 40 km/h. Der Lenkeinschlag liegt bei 50°, der minimale Wenderadius bei 4,2 m, was die Modelle der TDD-Reihe vor allem für die Arbeit mit Ballenpressen und Sprühgeräten geeignet macht.

New Holland TL 100 A

Herkunftsland
Italien/USA

Max. Motorleistung (PS/kW)
100/75 kW

Gesamtgewicht (kg)
3900

Motorgröße (ccm)
4500

Abmessungen (L/B/H) in mm
4030/2012/2540

Mittelschlepper

Die TL-Reihe deckt mit ihren vier Modellen ein Leistungsspektrum von 72 PS/53 kW bis 100 PS/74 kW ab. Die Motoren der Reihe – 4-Zylinder-Turbos bzw. Sauger bei den Modellen TL 70 und TL 80 – sind von der hauseigenen CNH Engine Corporation entwickelt worden. Drei verschiedene Getriebe erlauben maximal 24×24 Gänge mit Kriechgang und Arbeitsgeschwindigkeiten von 0,3 bis 40 km/h. Von der Konzeption her ist der TL ein Universaltraktor. Die Hubkraft mit Frontlader liegt bei 2582 kg, beim eingebauten Heckhubwerk bei beachtlichen 5060 kg.

New Holland T 6060 Elite

Herkunftsland
Italien/USA
Max. Motorleistung (PS/kW)
152/112
Gesamtgewicht (kg)
5010
Motorgröße (ccm)
4485
Abmessungen (L/B/H) in mm
4292/1873/2920
Großschlepper

Die 6000er-Serie von New Holland kommt in drei Unterserien auf den Markt: Elite, Delta und Plus. Die drei Modelle der Elite-Serie leisten zwischen 123 und 152 PS, die hauseigenen Motoren sind 4-Zylinder-Turbolader mit Ladeluftkühlung und Common-Rail-Hochdruckeinspritzung. Das serienmäßige 16×16 Electro Command™-Getriebe mit IntelliShift™ bietet die Möglichkeit, acht Gänge per Druckknopf (am Hauptschalthebel) zu schalten. Das Active Electro Command™-Getriebe verfügt über zusätzliche Automatikfunktionen, durch die der Fahrer entlastet wird. Die Höchstgeschwindigkeit beträgt wahlweise 40 km/h (bei Eco mit reduzierter Motordrehzahl) oder 50 km/h.

New Holland T 6050 Delta

Herkunftsland
Italien/USA
Max. Motorleistung (PS/kW)
126/93
Gesamtgewicht (kg)
5300
Motorgröße (ccm)
6728
Abmessungen (L/B/H) in mm
4532/1913/2839
Mittelschlepper

Die T 6000-Delta-Traktoren von New Holland (101 PS/74 kW bis 126 PS/93 kW) werden allen Anforderungen von Viehhalte- und Ackerbaubetrieben gerecht. Sie haben das gleiche Design wie die T 6000 Plus- und T 6000 Elite-Modelle. Die Motorenpalette der Serie T 6000 Delta umfasst sowohl 4-Zylinder- als auch 6-Zylindermotoren. Die Motoren haben zwei Ventile pro Zylinder und eine mechanische Kraftstoffeinspritzung. Bei den Getrieben steht das Dual Command™-Getriebe bzw. das Electro Command™-Getriebe zur Verfügung. Das Dual Command™-Getriebe bietet eine 2-stufige Lastschaltung, 24×24 Gänge und eine lastschaltbare Wendeschaltung sowohl für die Hof- als auch für die Feldarbeit. Mit dem Electro Command™-Getriebe (16×16) können bis zu acht Gänge kupplungsfrei geschaltet werden.

New Holland T 6070 Plus

Herkunftsland
Italien/USA

Max. Motorleistung (PS/kW)
141/104

Gesamtgewicht (kg)
5500

Motorgröße (ccm)
6728

Abmessungen (L/B/H) in mm
4532/1919/2920

Mittelschlepper

Die Serie T 6000 Plus besteht aus fünf Modellen mit 4- oder 6-Zylinder-Motor, die einen Leistungsbereich von 101 PS/74 kW bis 141 PS/104 kW abdecken. Die Basisausstattung umfasst ein Dual Command™-Getriebe (40 km/h) mit 24 Vorwärts- und 24 Rückwärtsgängen und lastschaltbarer Wendeschaltung, eine Hydraulikanlage in zwei Leistungsvarianten und eine klimatisierte Kabine mit niedrigem oder hohem Dach. Die Plus-Modelle werden überwiegend mit dem 16×16-Electro-Command™-Getriebe, einer 40-km/h- oder 50-km/h-Getriebeversion, der Terraglide™-Vorderachse, der Comfort Ride™-Kabinenfederung und einer Druckluft-Anhängerbremsanlage angeboten. Die Super-Steer™-Vorderachse und das Fast Steer™-Lenksystem sind optional.

New Holland TM 155

Herkunftsland
Italien/USA

Max. Motorleistung (PS/kW)
223/164

Gesamtgewicht (kg)
6500

Motorgröße (ccm)
7500

Abmessungen (L/B/H) in mm
4840/2438/2981

Großschlepper

Mit der TM-Serie betritt New Holland den Bereich der Großschlepper. Sechs Modelle mit Leistungen zwischen 124 PS/91 kW und 240 PS/177 kW stehen zur Auswahl. Das Heckhubwerk schafft 8647 kg, die Hubkraft an der Front liegt bei 3270 kg. Die serienmäßige, bewegliche Super-Steer™-Vorderachse ermöglicht einen Lenkeinschlag von 65°, das Power-Command-Getriebe bei den Modellen 175 und 195 verfügt neben dem 18×6-Standardgetriebe über einen zusätzlichen Transportgang für Straßenfahrten mit 50 km/h.

New Holland T 7550

Herkunftsland	Italien/USA
Max. Motorleistung (PS/kW)	216/159
Gesamtgewicht (kg)	6770
Motorgröße (ccm)	6600
Abmessungen (L/B/H) in mm	4766/2490/3000
Großschlepper	

Die Serie T 7500 umfasst fünf Modelle und erreicht Nennleistungen von 141 PS/104 kW bis 196 PS/144 kW. Das stufenlose Auto Command™-Getriebe dieser Serie hat keine festen Schaltstufen und ist für einen Geschwindigkeitsbereich bis 50 km/h ausgelegt. Die maximale Hubkraft liegt am Heck bei 9000 kg, das Fronthubwerk schafft 4000 kg. Die Serie T 7500 wird von einem 6-Zylinder-Turbodieselmotor mit Ladeluftkühler angetrieben, optional gibt es den Lüfterflügel mit verstellbarem Anstellwinkel, den sogenannten „Eco-Lüfter".

New Holland T 8030

Die vier T 8000-Modelle sind die größten New Hollands am europäischen Markt und haben eine Maximalleistung von 281 PS/207 kW bis 358 PS/263 kW. Der Motor ist ein 6-Zylinder-Turbodiesel mit vier Ventilen pro Zylinder und Common-Rail-Dieseleinspritzung. Das UltraCommand™-Getriebe ist in den Versionen 18×4, 19×4 Eco 40 km/h, 19×4 50 km/h und 23×6 (mit Kriechgruppe) erhältlich. Alle 50-km/h-Versionen des T 8000 werden mit der gefederten Terraglide™-Vorderachse ausgestattet. Die 19×4-Modelle mit 40 km/h Endgeschwindigkeit können auch mit der Standard- oder SuperSteer™-Lenkachse geliefert werden. Die Hubkraft am Heck beträgt 10 230 kg, das Fronthubwerk schafft 6370 kg, wobei die Hubarme bei Nichtgebrauch hochgeklappt werden können.

Herkunftsland	Italien/USA
Max. Motorleistung (PS/kW)	307/226
Gesamtgewicht (kg)	9259
Motorgröße (ccm)	8300
Abmessungen (L/B/H) in mm	5829/2490/3331
Großschlepper	

New Holland T 9060

Herkunftsland
Italien/USA

Max. Motorleistung (PS/kW)
589/433

Gesamtgewicht (kg)
24494

Motorgröße (ccm)
15000

Abmessungen (L/B/H) in mm
7558/3911/3818

Großschlepper

Vorwiegend für den Markt in Übersee produziert New Holland auch einen Knicklenker. Die T 9000er-Serie gibt es in fünf verschiedenen Modellen, die maximale Leistung liegt zwischen 368 PS/271 kW und 589 PS/433 kW. Bis auf das Spitzenmodell T 9060, das mit einem Cummins-Motor ausgestattet ist, sind die Modelle mit firmeneigenen Motoren ausgerüstet. Die Heckhubkraft beträgt 8900 kg, das Getriebe ist standardmäßig ein 16×2-Powershift, optional ist aber auch ein 24×6-Synchrongetriebe zu haben.

SAME

Der weltweit erste Traktor mit Dieselmotor

Die Firma SAME (Società Accomandita Motori Endotermici) wurde 1942 vom Brüderpaar Francesco und Eugenio Cassani in Treviglio (Italien) gegründet. Bereits in den 1920er-Jahren hatte sich Francesco Cassani mit dem Bau von Traktoren mit Dieselmotoren beschäftigt, doch war Mitte des Zweiten Weltkriegs die Produktion für die beiden Brüder sehr schwer, weil einerseits die Rohstoffe ausgingen und andererseits die Herstellungsanlagen sehr veraltet waren. Francesco Cassani hatte schon 1928 an einen Allradantrieb gedacht, ihn aber nicht umgesetzt. Er baute indessen Dieselmotoren für Lkws (50 PS/37 kW), Schiffsmotoren (6 Kolben) und Flugzeugmotoren (800 PS). Dank der Aufträge der Kriegsindustrie und von großen Privatunternehmen konnte die Firma überleben und ihre Tätigkeit mit vielen Hoch- und Tiefpunkten fortsetzen. Dank der ungeheuren Willensstärke konnte man sich auch gegen sehr bekannte Firmen durchsetzen und brachte 1951 den ersten mit luftgekühltem Motor und Allradantrieb versehenen Traktor heraus.

Diesen technischen Vorsprung konnte SAME lange Zeit halten, sodass man im Jahr 1950 180 Traktoren und fünf Jahre später bereits 1750 Stück produzierte. Dazu kam noch, dass viele Konkurrenten die legendäre SAME-Vorderachse erwarben. Eine wichtige weitere Neuerung war dann die neu entwickelte hydraulische Tiefeneinstellung, die 1959 in die Traktoren eingebaut wurde. Bereits ein Jahr später entwickelte SAME dann das erste automatische Steueraggregat (SAC), das in den darauffolgenden Jahren in die intelligenten Schlepper 240, 360 und 480 eingebaut wurde. Nach dem Leon 70 und der Minitauro-Reihe (1965) erschien 1996 die berühmte Centauro-Reihe, die SAME dann endgültig weltweit bekannt machte. Die

Der legendäre DA25 von SAME war der erste Dieseltraktor mit Allradantrieb!

Die Explorer-Familie von SAME mit Motoren der 1000er-Serie kam ab 1983 heraus.

formvollendeten und kompakten Traktoren wurden sowohl mit Hinterrad- als auch mit Allradantrieb angeboten. Das Unternehmen expandierte nun auch in Europa, Australien und Afrika, und 1972 übernahm SAME die Traktorenproduktion von Lamborghini. Der Tiger 100 (mit Originalkabine von SAME) wurde 1975 als bester europäischer Traktor ausgezeichnet.

1979 übernahm die SAME-Lamborghini-Gruppe auch die Schweizer Marke Hürlimann, danach kam allerdings durch die Wirtschaftskrise auf dem europäischen Traktormarkt ein massiver Einbruch und die Produktion ging von 360 000 Stück auf 120 000 Stück zurück. Die problematische Phase in den 1980er-Jahren überstand SAME dank neuer, innovativer Modelle wie „Laser" oder „Explorer".

Das elektronische Zeitalter begann dann im Jahr 1989 mit der elektronischen Einspritzregelung für die Serie 1000, die auch neue Steuerungselemente für die einzelnen Funktionen aufwies.

Im Jahr 1992 startete SAME mit der Gründung von SAME Polska seine Polen-Aktivitäten und begann ab 1993 auch kleine Traktoren für den Gemüse- und Weinanbau zu bauen. Im Jahr 1995 erwarb SAME Deutz-Fahr, die Landmaschinensparte von Klöckner-Humboldt-Deutz. Damit entstand die SAME-Deutz-Fahr-Gruppe. 2002 übernahm SAME alle Anteile der Greaves Ltd. Und aus dem ehemaligen Joint Venture wurde die SAME-Fahr-India. Im Jahr 2003 erwarb das Unternehmen 29,9 % der Aktien der börsennotierten Deutz AG, wobei dieser Anteil im Jahr 2006 auf 40,3 % erhöht werden konnte. Seit 2015 fimiert die SAME Deutz-Fahr Gruppe als SDF Group.

SAME Argon Classic 70

Die Argon-Classic-Reihe besteht aus zwei Modellen mit einer Nennleistung von 52 Ps/38 kW und 67 PS/49 kW. Außergewöhnlich sind der kurze Radstand und die sehr große Manövrierfähigkeit, die sie insbesondere für Hofarbeiten (Stallreinigung, Graben, Heuernte usw.) eignet. Darüber hinaus gewährleisten das geringe Leistungsgewicht und das vollmechanische Getriebe eine hohe Zapfwellenleistung. Weitere wichtige technische Highlights sind die flüssigkeitsgekühlten Turbo- oder Saugmotoren, das 5-Gang-Getriebe für eine Geschwindigkeit bis zu 40 km/h mit Kriechgang oder Mini-Untersetzung. Die hydrostatische 4-Rad-Bremse und die hydrostatische Lenkung sorgen für einen optimalen Fahrerschutz.

Herkunftsland
Italien

Max. Motorleistung (PS/kW)
67/49

Gesamtgewicht (kg)
2350

Motorgröße (ccm)
3000

Abmessungen (L/B/H) in mm
3270/2180/2300

Kleinschlepper

SAME Diamond

Die moderne SAME-Diamond-Serie ist für Profi-Landwirte und Bauunternehmer konzipiert und besticht durch hohe Leistung, maximale Zuverlässigkeit, geringe Betriebskosten und ein hohes Maß an Komfort und Anwenderfreundlichkeit. Hochmodern ist das automatische 4-Gang-Powershift-Getriebe, das der elektronischen Steuereinheit die unmittelbare Auswahl des optimalen Gangs je nach U/min und Last ermöglicht. Imposant ist auch die Ausstattung des neuen Kabineninnenraumes, der mit einem Multifunktions-Bedienteil in der Armlehne, einer neuen Bedienkonsole für den Kraftheber mit Schlupfregelung und einem neuen in die Konsole integrierten Schalthebel mit Taste zum Wechseln der Fahrtrichtung ohne Betätigung der Kupplung aufwarten kann. Die Baureihe beinhaltet die Modelle Diamond 230 und Diamond 270 mit einer Leistung von 211 PS/155 kW bzw. 275 PS/202 kW.

Herkunftsland
Italien

Max. Motorleistung (PS/kW)
275/202

Gesamtgewicht (kg)
10 435

Motorgröße (ccm)
7146

Abmessungen (L/B/H) in mm
5268/2750/3270

Großschlepper

SAME Explorer3

Herkunftsland
Italien

Max. Motorleistung (PS/kW)
96/71

Gesamtgewicht (kg)
3650

Motorgröße (ccm)
4038

Abmessungen (L/B/H) in mm
3950/2458/2790

Mittelschlepper

Mit dem Explorer3 ist es SAME gelungen, eine innovative Traktorenreihe im mittleren Leistungssegment zu bauen, was Technologie, Funktionalität und Komfort betrifft. Durch die Motorleistung zwischen 82 PS/60 kW und 96 PS/71 kW wird eine Fahrgeschwindigkeit bis zu 40 km/h garantiert. Die Traktoren verfügen über 4-Zylinder-Deutz-Motoren, ein 5-Gang-Schaltgetriebe mit vier Gruppen und ein hydraulisches Lastschalt-Wendegetriebe mit Powershuttle. Die Fahrerkabine mit Klimaanlage ist schallgedämpft und luftverdichtet. Somit wird der Explorer zu einem dreiwertigen Traktor, der Leistung, Produktivität und Komfort in sich vereint.

SAME Iron 120

Herkunftsland	Italien
Max. Motorleistung (PS/kW)	120/88
Gesamtgewicht (kg)	4444
Motorgröße (ccm)	4038
Abmessungen (L/B/H) in mm	4139/2480/2735
Mittelschlepper	

Es handelt sich hier um eine komplett neue Baureihe, die vor allem für mittelgroße Landwirtschaftsbetriebe konzipiert wurde. Die vielseitigen Traktoren eignen sich für Einsätze von der Bodenbearbeitung bis zur Aussaat, vom Pflanzenschutz bis zur Ernte, von schnellen Transportfahrten bis zu betriebsinternen Arbeiten. Ausgestattet sind sie mit Deutz-4- oder -6-Zylinder-Motoren sowie einem Automatic-Powershift-Getriebe und erreichen durch ihre hohe Motorleistung eine Geschwindigkeit bis zu 50 km/h. Auch der Fahrkomfort ist erstklassig, verfügen die Traktoren doch über eine automatisch einstellbare Luftfederung, eine Vorderachsenfederung, eine Fahrerkabine mit Klimaautomatik sowie einen bequemen Fahrersitz mit integriertem Multifunktions-Joystick.

SAME Iron Continuo

Herkunftsland	Italien
Max. Motorleistung (PS/kW)	184/135
Gesamtgewicht (kg)	6625
Motorgröße (ccm)	6057
Abmessungen (L/B/H) in mm	4757/2480/2997
Großschlepper	

Mit den beiden Modellen Iron Continuo 150 und 170 hält der stufenlose Antrieb Einzug in die Iron-Baureihe. Damit kann der Fahrer bei jeder Drehzahl und bei jedem Lastzustand des Traktors ohne Leistungs- und Produktivitätseinbußen wirtschaftlich und trotzdem kraftvoll arbeiten. Die Continuo-Traktoren besitzen Deutz-Turbodieselmotoren mit Ladeluftkühlung und elektronischer Motorregelung, die Vorderachse ist hydraulisch und die Komfortkabine ist pneumatisch gefedert. Das serienmäßige Allrad- und Differenzialsperrenmanagement steuert vollautomatisch den Einsatz des Allradantriebs und der Differenzialsperren in Abhängigkeit von Lenkwinkel und Geschwindigkeit. Das SDS-Bedienmanagement erlaubt es dem Fahrer, verschiedene Bedienfolgen mit bis zu 16 Funktionen individuell zu speichern und abzurufen. Für besonderen Fahrkomfort sorgen die großzügige, perfekt schallisolierte Kabine, das große Freisichtdach und die serienmäßige Klimaanlage.

SAME Solaris

Herkunftsland	Italien
Max. Motorleistung (PS/kW)	50/37
Gesamtgewicht (kg)	1420
Motorgröße (ccm)	1758
Abmessungen (L/B/H) in mm	2980/1675/2195
Kleinschlepper	

Der kompakte Solaris ist ein Kleinschlepper mit einem 4-Gang-Schaltgetriebe mit Synchronisation für drei Gruppengetriebebereiche. Die drei Modelle der Reihe haben eine Motorleistung zwischen 39 PS/29 kW und 50 PS/37 kW und erreichen eine Geschwindigkeit von bis zu 30 km/h. Ausgestattet sind die Traktoren mit Mitsubishi-Euro-III-Motoren mit Flüssigkeitskühlung. Bemerkenswert ist der weite Einschlagwinkel von 57° mit kleinstem Wendekreisradius von 2,6 m. Die Modelle sind ohne oder mit schallgedämpfter und luftverdichteter Fahrerkabine mit Klimaanlage erhältlich.

SAME Tiger

Herkunftsland
Italien

Max. Motorleistung (PS/kW)
55/40–70/51

Gesamtgewicht (kg)
2160–2420

Motorgröße (ccm)
3000

Abmessungen (L/B/H) in mm
2285/3315/1985

Kleinschlepper

Das Modell Tiger ist ein vielseitiger Traktor im mittleren Segment, sehr kompakt und auf das Wesentliche konzentriert. Er stellt somit eine ideale Ergänzung für Hochleistungstraktoren dar und ist ideal für die leichte Feldarbeit oder das Arbeiten im Wald. Ausgestattet ist er mit flüssigkeitsgekühlten SDF-Motoren Serie 1000 der neuesten Generation. Der 70-l-Kraftstofftank ermöglicht auch lange Arbeitstage. Der Tiger ist als Hinterrad oder Allrad erhältlich und erreicht eine Geschwindigkeit von 30 km/h. Er ist sehr wirtschaftlich und geräuscharm.

Steyr

Über 60 Jahre Qualität aus Österreich!

Im Jahr 1947 wurde mit der Großserienproduktion von Steyr-Traktoren begonnen. Seitdem ist Steyr auch der österreichische Marktführer in dieser Branche und hat somit die heimische Landwirtschaft sehr stark geprägt.

Begonnen hat die Geschichte aber bereits im Jahr 1864, dem Gründungsjahr von Steyr. In diesem Jahr nahm Josef Werndl seine Waffenfabrik in Steyr (Oberösterreich) in Betrieb, die 30 Jahre später auch mit der Produktion von Fahrrädern begann. Im Jahr 1915 verließ der erste Steyr-Traktor und ein Jahr später das erste Steyr-Automobil das Werk. 1889 wurde in Graz die Firma „Puch & Comp." gegründet und wurde bald darauf ein erfolgreicher Fahrrad-, Motorrad- und Automobilproduzent. „Austro-Daimler" besteht seit 1899 und begann zu Beginn des letzten Jahrhunderts mit der Automobil-, Bus- und Lkw-Fertigung. Diese drei traditionsreichen Firmen fusionierten 1934 zur „Steyr-Daimler-Puch AG", einem bedeutenden Wirtschaftsfaktor in der österreichischen Industrieszene.

Einer der beliebtesten Oldtimer-Traktoren bei Sammlern: der grüne 180er von Steyr.

Eine der kommerziell erfolgreichsten Baureihen des Steyr-Konzerns war die Plusreihe, die ab 1967 in den Handel kam.

Am 29. September 1947 legte die Firma mit dem Typ 180 den Grundstein für die Erfolgsgeschichte des Unternehmens. Innerhalb von sechs Jahren wurden 25 000 Traktoren mit dem 2-Zylinder-Dieselmotor gebaut. Legendär war der Typ 80 mit einem Gewicht von lediglich 1200 kg und einer Motorstärke von 15 PS (daher auch liebevoll „15er" genannt), der preislich erschwinglich und optimal auf den österreichischen Markt mit den zahlreichen landwirtschaftlichen Kleinbetrieben zugeschneidert war. In den 1960er-Jahren wurde der erste Steyr-Ladewagen und als technische Pionierleistung der erste Steyr-Allradtraktor vorgestellt. Die Weiterentwicklung der einzelnen Traktorenmodelle war außerordentlich innovativ, es gab praktisch jährlich technische Neuerungen.

Im Zuge einer modernen Konzernentwicklung kam es 1990 zur Verselbstständigung der einzelnen Teilbereiche und damit zur Schaffung neuer schlagkräftiger Strukturen. 1996 wurde die „Steyr Landmaschinentechnik AG" von der „Case Corporation" – einem der weltweit führenden Traktorenhersteller – übernommen und in „Case-Steyr Landmaschinentechnik" umbenannt. Seit der Fusion von „Case Corporation" und „New Holland" zu CNH im November 1999 gehört die Marke Steyr zu einem der weltweit größten Landmaschinenhersteller. Die Firma CNH Österreich GmbH hat seit dem Jahr 2002 ihren Sitz im oberösterreichischen St. Valentin.

Qualität aus Österreich – die Steyr-Traktoren. Hier der CVT 1.

Im Jahr 2007 wurde das Jubiläum „60 Jahre Steyr-Traktoren" mit einer sehr ansprechenden Festschrift gefeiert, in der Geschichte, Gegenwart und vielversprechende Zukunft dokumentiert wurden.

Die Steyr-Traktorenproduktion im Zeitraffer

1947: Beginn der Traktorenproduktion
1950: Einführung hydraulisches Hubwerk
1952–1955: 4- und 3-Zylindermaschine
1964: Erster Steyr-Allradtraktor
Ab 1967: Einführung Steyr-Plus-Serie
1979: Neue Baureihe 80
1980: Arbeitsmaschine Steyr 8300
1983: Produktion von Plantagentraktoren
1986: Elektronische Hubwerksregelung
1987: „HPCE"-Verbrennungsverfahren
1988: Zweite Generation des Fahrerinformationssystems
1990: Steyr-Flüstertraktoren
1992: Baureihe 900
1993: Neue Großtraktoren
1994: Steyr-Multitrac-Serie
1995: Erweiterung der Multitrac-Serie
1999: CVT-Baureihe
2003: CVT- und Steyr-Profi-Serie
2004: Steyr-Kompakt-Reihe
2009: Einführung Steyr-Profi-Classic
2012: Vorstellung der Kompakt-Ecotech-Serie

Steyr 9000 MT

Herkunftsland	Österreich
Max. Motorleistung (PS/kW)	86/63–102/75
Gesamtgewicht (kg)	4150
Motorgröße (ccm)	4397
Abmessungen (L/B/H) in mm	4215/2170/2700

Mittelschlepper

Der Steyr 9000 MT ist ein sehr universell einsetzbarer und leistungsstarker Traktor, der durch seine ansprechende Optik, die ausgezeichnete Sicht und die Wendigkeit besticht. Steyr hat die Baureihe 9000 M völlig überarbeitet und als leistungsstarken, komfortablen und zuverlässigen Allzwecktraktor für alle Anwendungen konzipiert.

Das Steyr-Power-2-Getriebe mit Powershuttle, neuem Multicontroller und acht Gängen im Hauptarbeitsbereich zwischen 4 und 12 km/h ermöglicht eine maximale Ausnutzung der Motorleistung für alle Bodenbearbeitungs-, Drill- und Ernteanwendungen unabhängig von den Bodenverhältnissen und der Geländeform. Hervorzuheben ist die exzellente Sicht auf den Frontanbauraum. Aufgrund der Heckzapfwelle mit vier Drehzahlen eignet sich der Steyr 9000 MT auch ideal für Mäherkombinationen vorne oder hinten oder für den gleichzeitigen Einsatz eines Mähers vorne und eines Ladewagens hinten. Dabei können die Anbaugeräte so eingestellt werden, dass sie bei optimaler Drehzahl und mit größtmöglicher Produktivität arbeiten.

Steyr Forst

Herkunftsland
Österreich

Max. Motorleistung (PS/kW)
59/43–196/144

Gesamtgewicht (kg)
6770

Motorgröße (ccm)
6600

Abmessungen (L/B/H) in mm
4785/2550/3042

Mittelschlepper

Die Steyr-Forsttraktoren sind maßgeschneidert für Waldarbeiten und haben mit 59 PS/43 kW bis 192 PS/144 kW ein breites Spektrum an Leistung. Bemerkenswert sind der technische Komfort und das hohe Maß an Bodenschonung.
Die Kompakt-Forsttraktoren: 59 bis 76 PS bzw. 43 bis 56 kW, sparsam, robust, langlebig und zuverlässig. Die Einsatzmöglichkeiten reichen vom leichten bis zum mittelschweren Seilwindeneinsatz sowie Waldpflegearbeiten in der Durchforstung.
Die Komfort-Forsttraktoren: 82 bis 97 PS bzw. 60 bis 71 kW, bieten eine optimale Rundumsicht und ein hohes Maß an Komfort und Sicherheit. Sie sind vor allem für den Einsatz mit Drei-Punkt- und Anbauseilwinden konzipiert.
Die Intelligenten Forsttraktoren: 101 bis 136 PS bzw. 74 bis 100 kW, sind mit modernster Technik ausgestattete Profi-Forsttraktoren.
Die Professionellen Forsttraktoren: 137 bis 192 PS bzw. 101 bis 141 kW, bieten höchsten Komfort sowie hohe Wirtschaftlichkeit und verfügen über ein hochmodernes, stufenloses Getriebe mit aktiver Stillstandsregelung und intelligentem Motor-/Getriebemanagement. Sie zählen zu den Meisterwerken österreichischer Fahrzeugbautechnik.

Steyr CVT

Herkunftsland
Österreich

Max. Motorleistung (PS/kW)
126/93

Gesamtgewicht (kg)
4150

Motorgröße (ccm)
4400

Abmessungen (L/B/H) in mm
4150/2320/2761

Mittelschlepper

Die CVT-Serie bietet hohe technische Ansprüche, viel Fahrkomfort und Sicherheit. Jeder Traktor der Serie wird von einem umweltfreundlichen 6,6-l-Turbodiesel mit Ladeluftkühlung und Common-Rail-Einspritzung angetrieben. Alle Modelle sind mit einem elektronisch gesteuerten, stufenlosen Getriebe mit Kriechgängen ausgestattet. Darüber hinaus kann der Traktor mit verschiedenen Vorderachsen wie zum Beispiel einer gefederten Vorderachse ausgestattet werden. Für zusätzliche Sicherheit beim Transport schwerer Lasten auf der Straße sind Lamellenbremsen erhältlich. Die gefederte Luxuskabine bietet eine optimale Rundumsicht, eine moderne Instrumententafel und einen integrierten Leistungsmonitor. Erwähnenswert sind auch die Klimaanlage, der verstellbare Sitz mit Lendenwirbelstütze und die verstellbare Lenksäule. Die Bedienelemente sind logisch und ergonomisch auf der rechten Armlehne sowie der rechten Instrumententafel angeordnet.

Steyr Kommunal

Herkunftsland	Österreich
Max. Motorleistung (PS/kW)	196/144
Gesamtgewicht (kg)	6770
Motorgröße (ccm)	6600
Abmessungen (L/B/H) in mm	4785/2550/3042
Großschlepper	

Die Steyr-Kommunal-Traktoren gibt es in den verschiedensten Ausführungen, sie wurden speziell für den Einsatz bei Schneeräumung, Pflege der Straßen und Plätze sowie von Sport- und Grünanlagen entwickelt und bieten modernste Technik.

Die Kompakt-Traktoren: 59 bis 76 PS bzw. 43 bis 56 kW, schmal, leicht und sehr wendig. Die Einsatzmöglichkeiten reichen von der Gehsteigräumung und -streuung über die Rasenpflege bis hin zum Einsatz mit Frontlader.

Die Komfort-Traktoren: 82 bis 98 PS bzw. 60 bis 72 kW, besonders geeignet für schwieriges Gelände und den Einsatz mit Drei-Punkt- und Anbauseilwinden.

Die Intelligenten Traktoren: 112 bis 141 PS bzw. 82 bis 104 kW, wirtschaftlich und bis zu 50 km/h schnell. Optimal für den Einsatz im Hochleistungsschneeräumbereich sowie für schwere Transport- und Ladearbeiten.

Die Professionellen Traktoren: 141 bis 196 PS bzw. 104 bis 144 kW, ausgestattet mit hochmodernem, elektronischem Netzwerk, sowie stufenlosem Getriebe. Bedienelemente und Leistungsmonitor über ein CAN BUS-System.

Steyr Kompakt

Herkunftsland
Österreich

Max. Motorleistung (PS/kW)
59/43–90/66

Gesamtgewicht (kg)
3050

Motorgröße (ccm)
4500

Abmessungen (L/B/H) in mm
3568/2300/1744

Kleinschlepper

Die Steyr-Kompakt-Serie umfasst universell einsetzbare Traktoren für die unterschiedlichsten Aufgaben. Die 3- und 4-Zylinder-Motoren bieten serienmäßige Powershift- und Powershuttle-Getriebe. Eine Luxuskabine mit ausgezeichneter Sicht verfügt über sehr anwenderfreundliche Bedienelemente.

Die Kompakt-Traktoren eignen sich ideal für den Einsatz von Front- und Heckmähwerkkombinationen oder für den gleichzeitigen Einsatz eines Mähwerks vorne und eines Ladewagens hinten. Sie sind aber auch für alle Arbeiten auf dem Hof und in Stallungen einsetzbar. Bemerkenswert sind die ideale Sichtfreiheit und die große Manövrierfähigkeit. Das Hubwerk kann auch außerhalb der Kabine mit den Bedienelementen am Kotflügel betätigt werden. Hinzu kommen die elegante Optik und das ausgezeichnete Leistungsgewicht.

Steyr Profi

Herkunftsland Österreich	
Max. Motorleistung (PS/kW) 112/82–141/104	
Gesamtgewicht (kg) 4950	
Motorgröße (ccm) 6728	
Abmessungen (L/B/H) in mm 4532/1913/2920	
Mittelschlepper	

Die Steyr-Profi-Serie bietet hochwertige Technologie mit einer Automatisierung von Bedienungsvorgängen, die täglich sehr oft erforderlich sein können. Dadurch sind die Traktoren nicht nur schnell, sondern auch sehr einfach zu handhaben. Besondere Kennzeichen sind die schräge Motorhaube, der schmale Rumpf und die großen Fensterflächen, die einen ungehinderten Blick auf den Arbeitsbereich beim Einsatz der Front- und Heckanbaugeräte ermöglichen.

Jeder Profi-Traktor wird von einem schadstoffarmen Turbodiesel mit Intercooler angetrieben und ist mit bis zu 17 Vorwärts- und 16 Rückwärtsgängen ausgestattet. Das Power-8-Getriebe mit Achtfach-Lastschaltung und Powershuttle ist auf Wunsch mit Kriechganggetriebe lieferbar. Die vollkommen neue Kabine bietet eine optimale Rundumsicht und verfügt über ein Dachfenster für Arbeiten mit dem Lader. Die einzelnen Bedienelemente sind nach ihrer Funktion gruppiert und jederzeit griffbereit.

Valtra

Aus Schwertern wurden (bunte) Pflugscharen

Wenn das biblische Bild von Schwertern zu Pflugscharen passt, dann sicher zu den Valtra-Traktoren. Schließlich ist die Traktorenentwicklung aus einer Waffenfabrik heraus gewachsen. Nach dem Zweiten Weltkrieg wurde die staatliche finnische Waffenfabrik Valtion Tykkitehtaat beauftragt, Traktoren für die finnische Landwirtschaft zu entwickeln. Das Hauptaugenmerk bei der Konstruktion sollte dabei auf Robustheit und die Einsatzfähigkeit auch bei tiefen Temperaturen gelegt werden. 1949 wurde ein Prototyp getestet, dieser blieb allerdings hinter den Erwartungen zurück. Valtion Metallitehtaat, die staatlichen Metallwerke, die ebenfalls aus der Waffenindustrie kamen, wurden ins Boot geholt und 1951, nach den ersten Silben der Metallwerke benannt, wurde die Firma Valmet gegründet. Die ersten Traktoren wurden von Nachbarn der Umgebung

Valtra N-Serie

Der Valmet 20 (ab 1955) war mit Petroleum- oder Benzinmotor zu haben und leistete zwischen 19 PS/14 kW und 22 PS/16 kW.

getestet, 1952 ging die Firma dann mit ihren Traktoren an die (finnische) Öffentlichkeit, der Erfolg stellte sich sogleich ein.

1957 brachte Valmet eines seiner legendärsten Produkte auf den Markt: den Valmet 33D mit sechs Vorwärts- und zwei Rückwärtsgängen und einem 37-PS-Motor. Der 33D schaffte auf der Straße eine Geschwindigkeit

Der legendäre Valmet 33D aus dem Jahr 1957, 1700 kg schwer und 37 PS/27 kW stark

Nach dem Kauf von Bollinder-Munktell führten die Volvotraktoren das Kürzel BM im Namen mit (Volvo BM 650 und 700).

von 28,5 km/h und war damit der Konkurrenz um Längen voraus. Der finnische Traktor wurde deshalb auch in großer Stückzahl nach China und Brasilien geliefert.

Der brasilianische Markt wurde für Valmet so interessant, dass Ende der 1950er-Jahre ein Werk in Mogi das Cruzes in Brasilien errichtet wurde, in dem bis heute Traktoren gebaut werden.

1969 stellte das Unternehmen erstmals einen Traktor mit über 100 PS/ 74 kW vor, den Allradtraktor 1100 mit 115 PS/85 kW und Turbolader.

1979 kam es zur großen skandinavischen Hochzeit: Valmet schloss einen Vertrag über den Bau von Traktoren mit Volvo, dem großen schwedischen Automobil- und Nutzfahrzeughersteller. Volvo wurde 1927 von Assar Gabrielsson und Gustaf Larson mit dem Ziel, ein schwedisches Auto zu bauen, gegründet. 1950 hatte Volvo den schwedischen Traktorhersteller Bollinder-Munktell, ebenfalls eine Fusion der Firmen zweier Traktorpioniere aus dem Jahr 1932, aufgekauft, um selbst Traktoren zu produzieren.

Anfang der 1980er-Jahre wurde Valmet mit seinen Traktoren zum Marktführer in allen skandinavischen Ländern.

1994 wurde Valmet in den finnischen Sisu-Konzern eingegliedert, drei Jahre später tauchte dann der Name Valtra Oy erstmals für die finnischen Traktoren auf dem Markt auf. Offiziell wurde Valtra als Markenname im Jahr 2001, anlässlich des 50-Jahr-Jubiläums der Firma, eingeführt. Im Jahr 2003 wurden die Baureihen M, XM und C vorgestellt, in Brasilien begann die Produktion der Baureihen BF/BL. Der 500 000. Valtra-Traktor wurde im September 2003 ausgeliefert. 2004 wurde Valtra vom AGCO-Konzern übernommen.

Valtra A 92

Herkunftsland
Finnland

Max. Motorleistung (PS/kW)
98/72

Gesamtgewicht (kg)
3350

Motorgröße (ccm)
4400

Abmessungen (L/B/H) in mm
4056/2137/2655

Mittelschlepper

Die A-Serie wird in drei Modellen angeboten sowie – eine Spezialität von Valtra – in acht verschiedenen Farben. Das kleinste Modell der A-Serie hat einen 3-Zylinder-, die beiden größeren Modelle haben einen 4-Zylinder-Dieselturbomotor von Sisu. Der A-Traktor ist ein robuster und sehr wendiger Traktor mit großer Bodenfreiheit und langem Radstand. Der Kraftstofftank ist bei der A-Serie als tragendes Rahmenteil konstruiert und schützt gleichzeitig durch seine Lage die Allradwelle. Das Getriebe ist zu drei Gruppen mit je vier Gängen aufgebaut und vollständig synchronisiert.

Valtra 3500

Herkunftsland
Finnland

Max. Motorleistung (PS/kW)
76/56

Gesamtgewicht (kg)
2300

Motorgröße (ccm)
4068

Abmessungen (L/B/H) in mm
3890/2110/2300

Kleinschlepper

Der Valtra 3500 wird als Kleinschlepper und aufgrund seiner Ausmaße vor allem für die Arbeit in Weinkulturen, Kaffee- oder Obstplantagen eingesetzt. Der 4-Zylinder-Motor stammt von Deutz, die Geschwindigkeit des 3500 reicht von 0,5 bis 40 km/h. Das Getriebe mit je 24 Vorwärts- und Rückwärtsgängen ist in drei Gruppen unterteilt, eine für Kriechgeschwindigkeiten zwischen 0,5 bis 2 km/h, eine für mittlere zwischen 2,1 bis 9 km/h und eine für das restliche Spektrum von 9,5 bis 40 km/h.

Valtra BH 165

Herkunftsland
Brasilien

Max. Motorleistung (PS/kW)
174/128

Gesamtgewicht (kg)
8500

Motorgröße (ccm)
6600

Abmessungen (L/B/H) in mm
5062/2870/2955

Großschlepper

Seit den späten 1950er-Jahren ist Valtra auch am südamerikanischen Markt heimisch. Damals noch unter dem Namen Valmet, baute Valtra in Mogi das Cruzes ein Traktorenwerk und produziert bis zum heutigen Tag brasilianische Valtras in allen Größenordnungen und für die unterschiedlichsten Einsatzbereiche. Der Valtra BH 165 ist einer der brasilianischen Großschlepper. Das Getriebe hat 12 Vorwärts- und vier Rückwärtsgänge, der 6-Zylinder-Sisu-Motor kann mit konventionellem, aber auch mit Biodiesel bzw. einem 80 %-20 %-Gemisch betrieben werden.

Valtra 700

Herkunftsland
Brasilien

Max. Motorleistung (PS/kW)
78/106

Gesamtgewicht (kg)
3160

Motorgröße (ccm)
3300

Abmessungen (L/B/H) in mm
3694/2112/2676

Kleinschlepper

Trotz der riesigen südamerikanischen Anbauflächen produziert Valtra in Brasilien auch Kleinschlepper. 10 verschiedene Modelle mit einer Leistung zwischen 50 PS/68 kW und 80 PS/109 kW werden mit 3- bzw. 4-Zylinder-Sisu-Dieselmotoren angetrieben. Der Valtra 700 ist ein Kleinschlepper mit offenem Kabinenraum. Seine Hubkraft beträgt bis zu 3300 kg, der Motor ist ein 3-Zylinder-Sisu-Turbomotor. Die Käufer können zwischen verschiedenen Gangvarianten bei Vorwärts- und Rückwärtsgängen wählen: 8+4, 16+8, 12+8 und 12+12.

Valtra N92

Die N-Serie kommt in drei Grundvarianten namens Classic, Hitech und Advance sowie in 16 verschiedenen Typenvarianten vor. Die Leistung liegt dabei zwischen 100 PS/136 kW bis 160 PS/217 kW. Die meisten Hauptkomponenten des Traktors, sprich Motor, Fahrgestell, Getriebe, Antriebsstrang, Hydraulik, Kabine, Hinterachse und Verkleidungen, werden von Valtra selbst produziert. Die N-Serie hat 36 Vorwärts- und 36 Rückwärtsgänge und erreicht, je nach Untermodell, bis 40 bzw. 50 km/h Spitzengeschwindigkeit. Außerdem ist die N-Serie mit AutoTraction ausgestattet: Wenn ein Gang eingelegt, die Wendeschaltung aktiviert ist und die Motordrehzahl unter 1000 U/min fällt, bewegt sich der Traktor nicht. Überschreitet der Traktor die 1000 U/min wieder, wird automatisch eingekuppelt und der Traktor fährt an. Zusätzlich verfügt die N-Serie über automatischen Allradantrieb, der beim Anfahren oder Gangwechsel automatisch zugeschaltet wird, um ein Durchdrehen der Räder zu verhindern.

Herkunftsland
Finnland

Max. Motorleistung (PS/kW)
100/136

Gesamtgewicht (kg)
4850

Motorgröße (ccm)
4400

Abmessungen (L/B/H) in mm
2750/4414/2177

Mittelschlepper

Valtra T 191

Herkunftsland
Finnland

Max. Motorleistung (PS/kW)
209/284

Gesamtgewicht (kg)
5950

Motorgröße (ccm)
6600

Abmessungen (L/B/H) in mm
5148/2338/2910

Großschlepper

Die T-Serie setzt sich aus sieben verschiedenen Modellen mit einer Leistung zwischen 120 PS/163 kW und 209 PS/284 kW zusammen. In dieser Serie wurden erstmals die neuen Valtra „Fortius"- Motoren eingesetzt. Valtra hat bei diesen Modellen die Motordrehzahl gesenkt, um sowohl den Dieselverbrauch als auch den Geräuschpegel zu senken. Beim T 191 liegt die Nenndrehzahl bei 2100 U/min. Die 36 Vorwärts- und 36 Rückwärtsgänge der T-Serie schaffen Geschwindigkeiten von 0,6 bis 50 km/h. Eine elektronische Motorregelung ermöglicht den Einsatz eines Tempomaten, mit dem sich sowohl Fahr-geschwindigkeit als auch Zapfwellendrehzahl einstellen lassen. Einmal programmiert, hält das System die Geschwindigkeit bzw. Zapfwellendrehzahl auch bei wechselnder Belastung konstant ein.

Valtra S-Serie

Herkunftsland
Finnland

Max. Motorleistung (PS/kW)
276/372

Gesamtgewicht (kg)
9690

Motorgröße (ccm)
8400

Abmessungen (L/B/H) in mm
5920/2620/3460

Großschlepper

Bis zu 50 km/h Spitzengeschwindigkeit und 40 Vorwärts- und Rückwärtsgänge hat die Spitzenreihe von Valtra, die S-Serie. Die Hubkraft des Großschleppers liegt beim Heckheber bei 10 t, der Fronthub bei stolzen 7,5 t, die Hydraulik schafft eine Pumpleistung von 120 l/min. Ein virtuelles Terminal gibt dem Fahrer die vollkommene Kontrolle über den Traktor und die Zusatzgeräte: Überwachung, Online-Einstellungen, Vorprogrammierung und sogar Abspeicherung der spezifischen Einstellungen sind mit dem Farbdisplay-Terminal möglich. Darüber hinaus zeigt dieses auch alle Diagnosewerte der Traktorfunktionen und bietet eine Option für die mobile Datenübertragung.

Zetor

Zuverlässige und preisgünstige Traktoren aus Osteuropa

Normalerweise haben Traktoren aus Osteuropa keinen besonders guten Ruf, was Qualität und Leistung betrifft. Dieses Vorurteil traf auf die Firma Zetor von Anfang an nicht zu. Die äußerst robusten, sehr zuverlässig verarbeiteten und noch dazu günstigen Traktoren setzten sich sehr rasch durch und zählen heute zu den beliebtesten Traktoren in Europa. Erst kürzlich feierte Zetor sein stolzes 60-jähriges Firmenjubiläum.

Entstanden ist das Unternehmen aus einem ehemaligen Rüstungsbetrieb im tschechischen Brno (Brünn), damals noch ČSSR. Unmittelbar nach dem Zweiten Weltkrieg gründete sich das Unternehmen „Zbrojovka" neu und entwickelte den Prototyp für den „Zetor 25", welcher dann ab 1946 serienmäßig produziert wurde und bald große Beliebtheit erlangte. Es handelte sich um einen mittelschweren, sehr soliden Schlepper mit 26-PS-Dieselmotor, der immerhin fast 10 Jahre lang in einer Stückzahl von insgesamt über 150 000 produziert und bald auch exportiert wurde. Er war bemerkenswerterweise bereits mit einem 6-Gang-Getriebe ausgestattet, war also für die damalige Zeit sehr modern.

Das Unternehmen blieb auch weiterhin stets im technischen Vorderfeld und erweiterte beständig das Angebot und die Leistung der Traktoren. In den 1960er-Jahren präsentierte Zetor eine Klasse mit 2-, 3- und 4-Zylinder-Motoren, die bereits mit einem 10-Gang-Getriebe bestückt waren. Diese

Die Forterra Allrad-Modelle gibt es in den Ausführungen 4-Zylinder-Turbo oder 6-Zylinder-Turbo.

Die Proxima-Serie mit Motoren zwischen 68 und 88 PS bzw. 50 und 65 kW erfreut sich weltweit großer Beliebtheit.

besaßen auch schon eine Fahrerkabine und einen mechanischen Frontantrieb. Der sehr niedrige Preis machte die Traktoren weltweit interessant und so wurden bereits ab Ende der 1950er-Jahre Baulizenzen an den Irak und an Indien erteilt.

Berühmt wurden die Modelle Zetor 50 Super als erster Schlepper, der mit einem 4-Zylinder-Dieselmotor ausgestattet war, und der Zetor 2011 als kleines Fahrzeug. Er hatte eine Leistung von 25 PS/18 kW, einen wassergekühlten 2-Zylinder-Dieselmotor und ein Gewicht von lediglich 1300 kg. Damit war er ein idealer, wendiger Universaltraktor für kleinere Höfe, der trotz seiner geringen Größe technisch auf dem neuesten Stand war!

Nach einer Hochblüte in den 1970er- und 1980er-Jahren kam auch für Zetor eine schwierige Zeit auf dem Traktorenmarkt. Nach dem Zusammenbruch des Ostblocks einigte man sich mit John Deere über die Produktion preiswerter Traktoren und konnte so überleben.

Die Firma Zetor a.s. (tschechische Aktiengesellschaft) entstand in den 1990er-Jahren als Ausgliederung aus der Firma Zbrojovka und hat nach wie vor ihren Hauptsitz in Brünn. Zbrojovka selbst konzentriert sich heute auf andere Betriebszweige wie Waffenproduktion und Metallverarbeitung. Die Firma Zetor a.s. hat neben ihrer Hauptniederlassung in Tschechien auch Niederlassungen in Deutschland, Finnland und Nordamerika.

Heute ist Zetor einer der führenden Traktorproduzenten innerhalb der EU und fertigt in einem hochmodernen, kompakten Produktionszentrum ca. 10 000 bis 15 000 Traktoren pro Jahr. Zu den aktuellen Reihen zählen Proxima und die Forterra-Allradmodelle.

Das Unternehmen ist damit auch einer der größten Arbeitgeber im Großraum Brno (Brünn). Wie beliebt die Firma mittlerweile ist, zeigt ein kleines Detail: Im Zentrum Helsinkis gibt es eine bekannte Bar mit dem Namen „Zetor". Dort stehen zahlreiche Traktoren dieser Marke in der Bar.

Zetor Proxima

Die Traktoren der Modellreihe Proxima sind mit einer Leistung zwischen 64 PS/47 kW und 86 PS/63 kW ausgestattet und auf Zuverlässigkeit auch unter schwersten Arbeitsbedingungen ausgelegt. Die Motoren zeichnen sich durch niedrigen Verbrauch aus, das Getriebe ist vollsynchronisiert. Die Baureihe weist eine gute ergonomische Bedienung der Schaltgruppen und der Heckzapfwelle auf. Die Reihe Proxima wird mit einer verstärkten Vorderachse der Marke Carraro 20.16 ausgestattet. Die Motorhaube ist aufklappbar, was einen servicefreundlichen Zugang zum Motor ermöglicht. Der Kraftstofftank fasst 150 l, durch Verwendung neuer schalldämmender Materialien wurde eine deutliche Lärmreduzierung erreicht.

Herkunftsland
Tschechien

Max. Motorleistung (PS/kW)
86/63

Gesamtgewicht (kg)
3630

Motorgröße (ccm)
4156

Abmessungen (L/B/H) in mm
3853/1910/2692

Mittelschlepper

Zetor Proxima Plus

Die Traktoren der Modellreihe Proxima Plus leisten zwischen 82 PS/60 kW und 100 PS/74 kW und ermöglichen mit ihrem Innovationsprogramm eine noch stärkere mehrfache Nutzung. Sie sind sowohl für die Bodenbearbeitung als auch für den Grünlandeinsatz geeignet. Die Motoren zeichnen sich durch niedrigen Verbrauch aus, das Getriebe ist vollsynchronisiert. Die Baureihe weist eine gute ergonomische Bedienung der Schaltgruppen und der Heckzapfwelle auf. Das neue, moderne, voll synchronisierte 16/16-Wendegetriebe ist mit komfortabler 2-Stufen-Lastschaltung mit elektro-hydraulischer Betätigung ausgestattet. Auch die Traktoren der Modellreihe Proxima Plus haben eine einteilige, hochklappbare Motorhaube, die einen servicefreundlichen Zugang zum Motor ermöglicht. Eine neue Beleuchtungsanordnung ergibt eine bessere Ausleuchtung auf dem Feld und auf der Straße. Die Fahrgeschwindigkeit beträgt 40 km/h für alle Modelle (30 km/h auf Wunsch), eine neue Reifendimension reduziert den Bodendruck.

Herkunftsland
Tschechien

Max. Motorleistung (PS/kW)
100/74

Gesamtgewicht (kg)
5700

Motorgröße (ccm)
4156

Abmessungen (L/B/H) in mm
3790/1910/2670

Mittelschlepper

Zetor Proxima Eko

Herkunftsland
Tschechien

Max. Motorleistung (PS/kW)
82/60

Gesamtgewicht (kg)
3630

Motorgröße (ccm)
4156

Abmessungen (L/B/H) in mm
3853/1910/2692

Mittelschlepper

Der Zetor Proxima Eko ist der Nachfolger der beliebten Zetor-Super-Reihe. Das Design ist ähnlich der Forterra-Reihe. Die Leistung der einzelnen Modelle liegt zwischen 61 PS/45 kW und 82 PS/60 kW.

Die Traktoren der Modellreihe Proxima sind mit einer Leistung zwischen 64 PS/47 kW und 86 PS/63 kW ausgestattet und auf Zuverlässigkeit auch unter schwersten Arbeitsbedingungen ausgelegt. Die Motoren zeichnen sich durch niedrigen Verbrauch aus, das Getriebe ist vollsynchronisiert. Die Baureihe weist eine gute ergonomische Bedienung der Schaltgruppen und der Heckzapfwelle auf. Die Traktoren sind alle mit vollsynchronisiertem Getriebe 10+2 ausgestattet. Auf Wunsch: Wendegetriebe 12+12, Drehmomentwandler 20+4, Kriechgang 20+4.

Zetor Forterra

Herkunftsland
Tschechien

Max. Motorleistung (PS/kW)
122/90

Gesamtgewicht (kg)
5700

Motorgröße (ccm)
4156

Abmessungen (L/B/H) in mm
5047/2240/2768

Mittelschlepper

Die Traktoren der Modellreihe Forterra sind mit einer Leistung zwischen 90 PS/66 kW und 122 PS/90 kW erhältlich. Die Zetor-Motoren haben einen niedrigeren Geräuschpegel und sparsamen Dieselverbrauch. Das synchronisierte Getriebe ist mit einer Dreifach-Lastschaltung mit elektro-pneumatischer Betätigung und 24/18 Gängen ausgestattet. Die ergonomische Anordnung der Bedienelemente sowie das digitale Armaturenbrett ergeben eine optimale Bedienerfreundlichkeit. Die Forterra-Modelle sind auf Wunsch mit der Dreipunkthydraulik und Frontzapfwelle der Marke Zuidberg ausgestattet. Der Kraftstofftank fasst 150 l, durch Verwendung neuer schalldämmender Materialien wurde eine deutliche Lärmreduzierung erreicht.

Ausgewählte Oldtimer und ihre Geschichte

Einführung

Oldtimer-Traktoren – eine Leidenschaft fürs Leben!

Das Sammeln, Renovieren und Pflegen von Oldtimern kann zu einer regelrechten Leidenschaft und einer Aufgabe für das ganze Leben werden. Es gibt zahlreiche Menschen, welche dieses Hobby nicht mehr loslässt und die sich mit der Zeit einen richtigen „Fuhrpark" zulegen.

Die folgenden Seiten geben einen kleinen Einblick in die bunte Welt der Oldtimer-Traktoren. Dabei wird auch der geschichtliche Hintergrund legendärer Firmen behandelt, die früher noch weit zahlreicher waren. Viele von ihnen sind leider für immer verschwunden und heute nur noch stolze Erinnerung.

Die Autoren dieses Buches haben sich dazu entschlossen, auch kleinere Firmen und ihre Modelle aufzunehmen. Und vor allem sehen Sie im folgenden Kapitel Traktoren, die nicht immer wie neu glänzen, aber gerade deshalb eine bewegte Geschichte erzählen. Den Autoren war es auch wichtig, Traktoren zu zeigen, die nicht nur im Museum stehen oder auf Ausstellungen gezeigt werden, sondern die auch immer wieder in Betrieb sind. Vielen von ihnen sieht man ihr Alter auf den ersten Blick an und manche warten vielleicht auch erst auf die große Restaurierung. Auf jeden Fall vermitteln sie ein überaus buntes Bild der faszinierenden Traktorengeschichte!

Immer wieder ein Erlebnis: Ein Traktor wird mit der Kurbel angeworfen.

Ein bunter Oldtimer-Fuhrpark

Traktorfreunde

In den letzten Jahrzehnten hat sich auf dem Oldtimer-Markt unglaublich viel getan und es haben sich immer mehr Traktorliebhaber gefunden, die alte Traktoren restaurieren und wieder fahrtüchtig machen. Viele davon schließen sich in Interessengemeinschaften oder eingetragenen Vereinen zusammen und organisieren gemeinsame Traktortreffen, Vorführungen und Ausfahrten. Manche haben sich auf einzelne Marken oder Firmen konzentriert, andere hat das Oldtimer-Fieber so sehr erfasst, dass sie gleich mehrere verschiedene Modelle aus oft unterschiedlichsten Jahren ihr Eigen nennen. Zusammengeschlossen sind diese Menschen mit dem

Unten und nächste Seite oben: Bei einer Restaurierung wird der Oldtimer oft bis in die Einzelteile zerlegt und in mühsamer Kleinarbeit wieder zusammengebaut.

außergewöhnlichen Hobby in Vereinen wie Traktor-/Treckerfreunde, Bulldogfreunde, Freunde alter Landmaschinen u. v. m. Der Zuwachs ist vor allem in den letzten Jahren so groß geworden, dass es heute schon fast unmöglich ist, eine halbwegs vollständige Liste der Vereine und ihrer Aktivitäten zu veröffentlichen. Es ist also für jeden Neueinsteiger kein Problem mehr, in seiner näheren Umgebung einen Verein und damit Anschluss an die Oldtimer-Szene zu finden. Die meisten Vereine haben auch eine aussagekräftige Homepage, auf der man die vielfältigen Veranstaltungen und Termine finden kann. In diesem Buch muss auch auf ein Literaturverzeichnis verzichtet werden, doch findet man im Internet zahlreiche Bücher, die sich entweder mit einer bestimmten Marke oder aber mit einem geschichtlichen Überblick beschäftigen. Schließlich gibt es noch spezielle Fachzeitschriften, die sehr gute Begleiter für jeden Sammler sind und mithelfen, Kontakte zu anderen „Schlepper-Infizierten" zu knüpfen.

Ab wann ist ein alter Traktor ein Oldtimer?

Um diese Frage gibt es viele Diskussionen, letztendlich kann sie aber wohl nicht eindeutig beantwortet werden. Viele ziehen die Grenze bei ca. 1970 und ordnen alles, was danach gebaut wurde, bereits unter moderne Gebrauchstraktoren ein. Es gibt aber vielfach auch die Tendenz, die Grenze noch weiter nach unten zu schieben. Fest steht aber, dass die Entwicklung bei den Traktoren dermaßen rasant verläuft, dass viele Traktoren aus den 1960er- und 1970er-Jahren bereits wie Fahrzeuge aus einer anderen Welt erscheinen. Die Autoren plädieren daher dafür, beim Begriff „Oldtimer" eine gewisse Toleranz walten zu lassen und keinesfalls bürokratisch eine Einteilung zu machen. Es wäre auch nicht gerecht jenen Traktorfreunden gegenüber, die gerade mit dem Sammeln beginnen und nicht gleich auf spektakuläre alte Stücke zurückgreifen können. Dafür bewahren sie vielleicht Traktoren, die später einmal sehr wertvoll sein werden. Jeder Traktorfreund sollte ernst genommen und nicht gleich durch rigorosen Konkurrenzkampf abgeschreckt werden.

Selbst gebastelte Oldtimer?

Oldtimer-Restaurierungen sollten behutsam und mit viel Respekt durchgeführt werden.

Auch diese Frage ist sehr heikel, da auf Treffen immer häufiger Schlepper auftauchen, die es in dieser Form niemals gegeben hat, weil sie durch umfangreiche Umbauten eigentlich schon Neuschöpfungen sind. Auch hier ist es oft ein sehr schmaler Grat, ob diese Fahrzeuge dann wirklich noch als Raritäten zu bezeichnen sind, oder ob es sich bereits um „Neuschöpfungen" handelt. Auch hier ist sowohl von „Puristen" als auch von begeisterten Bastlern Toleranz gefordert. In vielen Fällen ist es heute möglich, behutsame Veränderungen mit Originalteilen durchzuführen. Die Oldtimer sind großteils wahre technische Meisterwerke, auch wenn sie mit den heutigen Hightech-Fahrzeugen nicht mehr viel gemeinsam haben. Wird also ein Oldtimer zu sehr verändert oder gar aufgerüstet, ist dies sicher der falsche Weg. Andererseits sollten die Grenzen auch nicht allzu eng gesetzt werden. Vor allem wäre es schade um jeden Oldtimer, der in einer Garage vor sich hin rostet, bis er schließlich ganz von dieser Welt verschwindet. Etikettenschwindel, Geldmacherei oder das viel gebrauchte „absolute Rarität" sollten am Oldtimer-Markt ohnehin ein totales Tabu sein.

Einer der schönsten Momente für jeden Traktorfreund: die Ausfahrt mit einem gut funktionierenden Oldtimer!

Bautz

Ein gutes Dutzend Jahre im Schlepperbau

Die Traktorengeschichte von Bautz ist eine äußerst kurze. Ende des 19. Jahrhunderts gründete der Hammerschmied Josef Bautz eine Firma für Land- und Erntemaschinen. Sein Familienunternehmen war in diesem Segment auch äußerst erfolgreich. 1935 beschloss Bautz dann, ins Traktorengeschäft einzusteigen. Die Firma begann mit der Konstruktion von Prototypen, doch dann stoppte der Zweite Weltkrieg die Bemühungen rund um den Traktorbau: Das Werksgelände, das Bautz für die Traktorenproduktion in Großauheim am Main gekauft hatte, wurde für die Rüstungsindustrie beschlagnahmt, außerdem bekam die Firma den Befehl, weiterhin die „wehrkrafterhaltende" Landwirtschaft durch die Bautzschen Erntemaschinen zu unterstützen. Erst 1950 nahm man die Pläne zum Bau von Traktoren wieder auf und führte sie nun auch zur Vollendung: durch den Bautz AS 120. Der 2-Zylinder war kostengünstig und deshalb vor allem für Kleinbauern interessant.

Ein Bautz AS 120 R, Baujahr 1956. Der 2-Zylinder-Motor hatte 1250 ccm und, ab Baujahr 1952, eine Leistung von 14 PS/10 kW. Die Höchstgeschwindigkeit lag bei ca. 15 km/h, das Eigengewicht des in rahmenloser Blockbauweise hergestellten Schleppers lag bei geringen 830 kg.

Das Traktorengeschäft lief so gut an, dass innerhalb von vier Jahren vier verschiedene Bautz-Typen mit Leistungen zwischen 12 PS/9 kW und 22 PS/16 kW zu erwerben waren.

Dennoch begann Mitte der 1950er-Jahre dann die Krise bei den Bautz-Traktoren. Der Bedarf an Kleintraktoren in Deutschland ging Ende der 1950er-Jahre zurück, große Firmen wie John Deere drangen im deutschen Markt immer stärker ein. Bautz versuchte dem Verkaufsrückgang im Traktorensegment durch die Entwicklung stärkerer Schlepper entgegenzuwirken, allerdings ohne Erfolg. 1962 wurde, nach einer kurzen Partnerschaft mit dem englischen Traktorhersteller Nuffield und später mit der Rheinstahl Hanomag AG, das Traktorenprogramm nach nur einem Dutzend Jahre wieder eingestellt. Die Bautz AG überlebte ihre Traktoren noch sieben Jahre, dann wurde die Traditionsfirma von Claas übernommen.

Bollinder-Munktell

Zwei „alte Schweden“ bauen Traktoren

Johann Theofron Munktell, 1805 geboren, schaffte es bis zu seinem Tod 1887, zum schwedischen Technikpionier zu werden. So konstruierte er mechanische Webstühle, baute Schwedens erste Dampflokomotive, Schwedens ersten Mähdrescher und so nebenbei auch ein neues Heizungssystem für die schwedischen Staatsgefängnisse. Übrigens ließ er auch für seine Arbeiter ein eigenes Bier brauen.

Nicht weniger talentiert war auch Jean Bollinder – der 1812 geborene Techniker arbeitete u. a. bei der Entwicklung von Schwedens erstem bewaffnetem Unterseeboot mit und entwickelte gemeinsam mit seinem Bruder Carl Gerhard landwirtschaftliche Maschinen. Sowohl die Bollinder-Brüder als auch Munktell gründeten Firmen, die auch nach ihrem Tod an neuen Entwicklungen dranblieben und daher am Traktorengeschäft nicht vorbei konnten. 1913 baute Munktell seinen ersten Traktor, den 30-40er, der erste schwedische Traktor überhaupt.

1917 brachte Munktell den kleineren, aber dadurch auch wesentlich erfolgreicheren Munktell 20-24 auf den Markt.

Carl und Jean Bollinder hatten sich in ihren letzten Lebensjahren auf die Entwicklung von Verbrennungsmotoren spezialisiert. 100 Jahre, nachdem Munktells Karriere 1832 als Ingenieur in der Stadt Eskilstuna begonnen hatte, kamen beide Firmen zusammen. Aufgrund der Weltwirtschaftskrise Anfang der 1930er-Jahre führte die schwedische Handelsbank die beiden Unternehmen zusammen. Zwei Jahre später, 1934, präsentierte Bollinder-Munktell seinen ersten Traktor.

Schwedens erster Traktor, der Munktell 30-40, war ein 8 t schwerer Gigant und soll mit so ziemlich jedem Brennstoff gelaufen sein, zur Not sogar mit Alkohol.

Ein Munktell 20-24. Der 1-Zylinder-Zweitakter leistete 24 PS/18 KW und war im Gegensatz zum 30-40er mit seinen „nur" 4,2 t ein richtiges „Leichtgewicht".

Während des Zweiten Weltkriegs begann eine erste Kooperation mit Volvo. Da Öl während des Krieges auch im neutralen Schweden Mangelware war, wurde der Bau von Holzgasschleppern forciert. Bollinder-Munktell entwickelte daraufhin 1944 den GBMV-1.

In den Jahren nach dem Krieg schien die Zukunft für das schwedische Pionierunternehmen ungewiss, die schwedische Handelsbank als Hauptbesitzerin suchte nach möglichen Käufern. 1950 wurde eine schwedische Lösung gefunden: Die Kooperation der Vergangenheit machte sich bezahlt, Volvo fusionierte mit den beiden „alten Schweden" zu BM Volvo. Bis zum Jahr 1973 firmierte das Unternehmen unter dem Namen Bollinder-Munktell-Volvo, dann kam es zur Umbenennung in Volvo-Bollinder-Munktell.

Der holzgasbetriebene GBMV-1 hatte einen 2-Zylinder-Motor mit 3000 ccm und leistete 36 PS/26 KW. Er hatte vier Vorwärts- und einen Rückwärtsgang und wurde als Holzgasschlepper 473-mal gebaut. Nach dem Krieg wurde er auf Diesel umgerüstet und als BM 20 weitergeführt.

Deutz

Der Dieseltraktorenpionier

Die Firma Deutz, nach dem Ort Deutz auf der rechten Rheinseite bei Köln benannt, begann im Jahr 1907 mit dem Bau landwirtschaftlicher Maschinen. Bereits während des Ersten Weltkriegs wurden Sondertraktoren angefertigt, Schlepper für die Artillerie mit Leistungen von bis zu 100 PS/74 kW. Die riesigen Schlepper waren aber keine „Volltraktoren", sondern vielmehr Mischungen aus Traktor und Zugmaschine.

1927 begann Deutz mit der eigentlichen Fertigung von Serientraktoren. Der MTH 222 hatte einen liegenden 1-Zylinder-Motor und schaffte 14 PS/10 kW Leistung.

Der Durchbruch im Traktorbau gelang Deutz 1936 mit dem im Volksmund „11er" genannten F1M414. Er hatte einen 11 PS/8 kW starken, wassergekühlten Motor mit einem Zylinder und ein 3-Gang-Getriebe. Durch seinen günstigen Preis von 2300 Reichsmark wurde der Schlepper zum meistverkauften Traktor vor dem Zweiten Weltkrieg in Deutschland. Der Wenderadius betrug 3,3 m, die Zugkraft am Haken lag bei 500 kg. Der Tank fasste 28 l, die Abmessungen betrugen in der Länge 2,2 m und in der Breite 1,5 m. Die Höhe lag bei 1,4 m.

Der 11er-Deutz wurde von 1936 bis 1951 produziert. Aus dem ursprünglichen 3-Gang-Getriebe wurde im Laufe der Jahre ein 4-Gang-Getriebe, das Geschwindigkeiten von 3,2 bis 15 km/h erlaubte.

Deutz entwickelte sich zu einem der erfolgreichsten deutschen Schlepperbauer. Bis zum Jahr 1955 hatte die Firma seit ihrem Traktorenstart 1927 100 000 Deutz-Traktoren gebaut.

Der legendäre F1M414 von Deutz. Die „kryptische Bezeichnung" ist leicht zu deuten: F steht für Fahrzeugmotor, 1 für die Anzahl der Zylinder, M bezeichnet den flüssigkeitsgekühlten Motor, 4 die Motorenbaureihe und 14 die Hubhöhe des Kolbens in Zentimeter.

Der letzte 1-Zylinder aus Deutz bei Köln, der D 15

Weitere legendäre Deutz-Traktoren waren die Schlepper der D-Reihe. Diese wurden Ende der 1950er-Jahre eingeführt, die Bezeichnung „D" hielt sich mit Erweiterungen bis zur Einführung der Agro-Serie in den 1990ern. Ein Spezifikum der D-Reihe war die Federung der Vorderachse zur Verbesserung des Fahrkomforts.

Der letzte 1-Zylinder-Traktor von Deutz war der legendäre D 15. Dieser wurde in den Jahren 1959 bis 1964 gebaut, hatte einen luftgekühlten Motor mit 850 ccm Hubraum, sechs Vorwärts- und zwei Rückwärtsgänge und leistete 14 PS/10 kW. Er schaffte Geschwindigkeiten zwischen 0,4 und 19 km/h.

Ein D 30 S2 aus dem Jahr 1963 mit einem Eigengewicht von rund 1400 kg

Ein Deutz D40 aus dem Jahr 1963. Der luftgekühlte 3-Zylinder-Motor hatte einen Hubraum von 2550ccm und leistete 35 PS/26 kW. Das Getriebe mit sieben Vorwärts- und drei Rückwärtsgängen ermöglichte Fahrgeschwindigkeiten von 0,6 bis 20km/h. Das Eigengewicht des D40 betrug 1750kg, die Länge lag bei 3350, die Breite bei 1550 und die Höhe bei 1680mm.

Der D 30 wurde in den Jahren 1960 bis 1963 gebaut, hatte einen 2-Zylinder- Motor mit Luftkühlung und 28 PS/21 kW sowie acht Vorwärts- und zwei Rückwärtsgänge. Die Luftkühlung, die bei Deutz seit dem Jahr 1951 zum Einsatz kam, machte die grünen Traktoren besonders in nordischen Ländern beliebt, da sie im Prinzip auch bei niedrigsten Temperaturen nicht einfrieren konnten.

Mitte der 1960er stellte Deutz die Typenbezeichnung der D-Reihe von zwei- auf vierstellige Nummern um. Erstmals wurde in der 4- und 6-Zylinder-Klasse beim D 6005 bis D 9005 Allradantrieb angeboten. Auch das „M“ von Magirus erschien erstmals auf der Kühlerhaube.

1968 wurde aus Deutz durch den Erwerb der „Maschinenfabrik Fahr AG“ die „Deutz-Fahr AG“. Aus den Deutz-Traktoren wurden „Deutz-Fahr“-Schlepper.

Ein Deutz D55 mit Frontlader aus dem Jahr 1967

Fahr

Die zweite Hälfte von Deutz

Im April des Jahres 1870 gründete Johann Georg Fahr in Gottmadingen eine Maschinenfabrik, die seinen Namen trug. Fahr spezialisierte sich gleich zu Firmenbeginn mit Landtechnik – die Firma erzeugte Handdreschmaschinen, Rübenschneider, Obst- und Weinpressen u. Ä. 1903 wandelte Fahr seine Firma in eine offene Handelsgesellschaft um und gab die Leitung an seine Söhne ab. 1911 präsentierte die mittlerweile in eine Aktiengesellschaft umgewandelte Firma ihren ersten Getreidebinder.

Den Fuß ins Traktorengeschäft stellte die Firma Fahr erst 1938 – mit dem F22, einem Schlepper mit 22 PS/16 kW und fünfgängigem Schaltgetriebe. Der Motor stammte bereits vom späteren Partner Deutz. Während des Zweiten Weltkriegs produzierte Fahr, wie von den nationalsozialistischen Machthabern gefordert, Holzgasschlepper.

Im letzten Kriegsjahr wurden beide Produktionswerke, das Stammwerk in Gottmadingen sowie das bereits 1891 gebaute Zweitwerk in Stockach, von alliierten Bombentreffern schwer beschädigt. Nach Kriegsende wurde die Produktion aber erneut aufgenommen; vorerst produzierte Fahr jedoch keine landwirtschaftlichen Maschinen, sondern Notartikel wie Handwagen und Haushaltsgeräte. Erst drei Jahre nach Kriegsende, im Jahr 1948, fuhren wieder Traktoren von Fahr aus den Werkstoren der Firma, 1954 stellte Fahr die Traktorenbezeichnung von PS auf Hubraum um. Aus dem Fahr D 17 mit 17 PS/13 kW wurde so der Fahr D 130 mit 1,3 l Hubraum. Der D 130 war wahlweise mit einem luft- oder wassergekühlten 2-Zylinder-Motor von Güldner zu haben.

Fahr-Traktoren wurden bis 1961 gebaut. In diesem Jahr übernahm Deutz einen großen Anteil der Fahr-Aktien, sieben Jahre später gleich die Aktienmehrheit. 1969 wurde schließlich die Deutz-Fahr Vertriebs-GmbH gegründet.

Ein Fahr D 130a: Die Höchstgeschwindigkeit lag bei 18,7 km/h, das Getriebe hatte 10 Vorwärts- und zwei Rückwärtsgänge. Der D 130a war mit einem 2-Zylinder-Motor von Güldner ausgestattet und leistete 17 PS/13 kW, das Eigengewicht lag bei 1140 kg.

Fendt

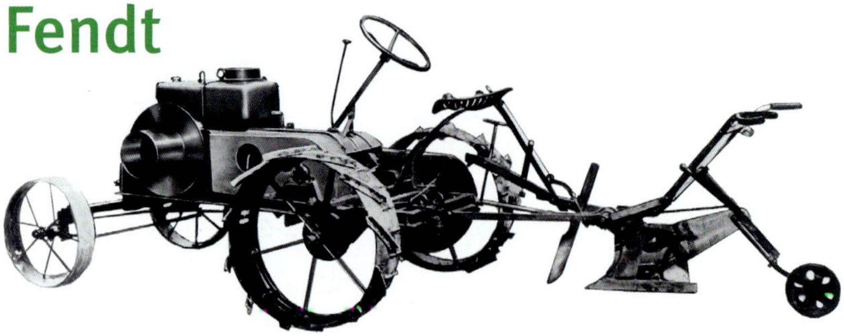

Das legendäre Fendt-Dieselross

Das erste Dieselross: Der kleine 6-PS-Traktor mit fest montiertem Pflug wurde 1930 präsentiert und hatte noch nicht viel mit den späteren technischen Wunderwerken gemein.

Als die Brüder Hermann, Xaver und Paul Fendt im Jahr 1930 einen kleinen Traktor mit einem 6-PS-Dieselmotor mit einem fest montierten Pflug und einer unabhängig angetriebenen Mähmaschine präsentierten, konnte noch niemand ahnen, dass damit eine der größten Erfolgsgeschichten in der Schlepperindustrie begann. Der Name Dieselross war ebenfalls sehr passend, weil dieses Gerät den Bauern das Pferd ersparen sollte. Dieses noch sehr gewöhnungsbedürftig aussehende Gerät war eigentlich bereits ab 1925 konstruiert worden und war ab dem Jahr 1927 einsatzbereit.

Dieses allererste Dieselross wurde dann 1932 durch das Nachfolgemodell F 9 ersetzt, welches bereits 9 PS/7 kW, eine Vollgummibereifung und sogar eine voll gefederte Vorderachse besaß. Noch vor dem Zweiten Weltkrieg folgte das Modell F 18 mit bereits 16 PS/12 kW. Völlig neu in Europa war damals die fahrunabhängige Zapfwelle. Noch erfolgreicher war dann das 1938 entwickelte F 22 mit einem stehend eingebauten Motor und einer Luftkühlung. Mit seiner für damalige Verhältnisse hohen Leistung war es auch für größere landwirtschaftliche Betriebe attraktiv. Es war mit einem 2-Zylinder-Motor und einem 4-Gang-Getriebe ausgestattet, was bis in die 1950er-Jahre Standard bleiben sollte.

Auch das Dieselross war von der nationalsozialistischen Politik betroffen, welche aufgrund der zunehmenden Treibstoffknappheit ab 1942 alle Schlepper auf Dieselbasis verbot. Fendt reagierte darauf mit dem Modell G 25, einem Schlepper mit Holzgasgenerator. Nach dem Zweiten Weltkrieg wurde das Dieselross mit luft- und wassergekühltem Motor mit einem, zwei oder drei Zylindern ausgestattet, wobei die Leistungen von 12 PS/9 kW bis 40 PS/29 kW reichten. Um die Kundenwünsche erfüllen zu können, wurde die Produktpalette ständig erweitert. Bereits das Dieselross F 15, das 1949 auf den Markt kam, war technisch sehr ausgereift und besaß ein 4-Gang-Getriebe, womit eine Geschwindigkeit von bis zu 17 km/h erreicht werden konnte. Es war ein Universalfahrzeug mit einem bereits sehr großen Zubehörprogramm. In acht Jahren wurden immerhin über 15 000 Stück produziert. Der 1952 entwickelte, etwas kleinere und einfach zu bedienende F 12 war ein riesiger Verkaufsschlager und ging sogar in Großserienproduktion. Weitere Modelle waren F 17 W, F 20, F 24 W oder F24 L. Insgesamt wurden bis zum Jahr 1955 nicht weniger als 50 000 Dieselrösser gebaut und verkauft.

Fendt-Dieselross F 40 mit 40 PS/29 kW, Baujahr 1951, von dem nur ca. 1000 Stück gebaut wurden. Es handelte sich um einen Großschlepper mit einem Gewicht von 2170 kg und das größte Dieselross, das je gebaut wurde. Der für die damalige Zeit unglaublich starke F 40 war für Großbetriebe konzipiert und auch ein wichtiger Exportartikel. Bemerkenswert war die Motorzapfwelle, die ein- und ausgekuppelt werden konnte, und das unabhängig vom Fahrbetrieb. Einige wenige Modelle waren sogar mit Allrad ausgestattet.

1958 ging das Dieselross dann in den neuen Serien Fendt Fix und Fendt Favorit auf. Der legendäre Traktor wird aber immer seinen Ehrenplatz in der reichen Traktorgeschichte haben.

Das Modell F 40 hatte wahlweise fünf oder sechs Vorwärtsgeschwindigkeiten und erreichte mit der Schnellgangausführung bis zu 28 km/h. Ein technisches Meisterwerk, das sieben Jahre lang zum Besten gehörte, was der Traktorenmarkt weltweit zu bieten hatte. 1958 wurde die Produktion dann eingestellt und das Dieselross in neue Modelle überführt.

Fiat

Obwohl heute fast ausschließlich mit Autoproduktion assoziiert, ist Fiat auch der größte italienische Traktorhersteller und kann auf eine stolze Geschichte zurückblicken.

Gegründet wurde die Firma am 11. Juli 1899 von acht Gründungsmitgliedern, unter ihnen Giovanni Agnelli, der Großvater von Gianni Agnelli. Das erste Automodell war der 3 1/2 HP, von dem 1899 und 1900 ca. 20 Exemplare hergestellt wurden. Im Jahr 1903 begann bereits der Export nach Frankreich und England, wobei die Jahresproduktion 134 Exemplare betrug.

Der Bau von Traktoren begann 1919, unmittelbar nach dem Ersten Weltkrieg. Bei Turin wurde im eigenen Traktorenwerk (zweifellos eines der ersten in Europa) der legendäre Fiat 702 in Serie hergestellt. Damit leitete das Unternehmen auch die Motorisierung der italienischen Landwirtschaft ein.

Das Modell 702 zählte damals zu den besten und stärksten Traktoren der Welt. Es war mit einem 4-Zylinder-Benzinmotor mit 30 PS/22 kW bestückt, der ursprünglich aus einem Lkw von Fiat stammte. Dieses zum Pflügen und als Antrieb stationärer Drehmaschinen konzipierte Modell wurde nach und nach modernisiert, und bereits das Nachfolgemodell 703 war für die Industrie gedacht.

Ende der 1920er-Jahre kam dann die kleine Baureihe 700 auf den Markt, von der es eine Rad- und eine Kettenversion gab. Höchst erfolgreich war der Raupenschlepper 700C (4-Zylinder-Motor mit 30 PS/22 kW und einem Planierpflug) aus dem Jahr 1932, der sich großartig verkaufte. Die guten Verkaufszahlen stärkten das Unternehmen, das sehr bald expandierte. Schon früh gehörte es zur Firmenphilosophie von Fiat, kleinere Unternehmen aufzukaufen, was später zu einem fast unüberschaubaren Konglomerat

Ein renovierter Fiat-Kettentraktor Typ 601 mit einem 4-Zylinder-Benzin-Petroleum-Motor, 2270 ccm, 1400 U/min, Bj. 1931. Der Motor erreichte, wenn er mit Benzin betrieben wurde, 22 PS/16 kW, mit Petroleum 18 PS/13 kW.

Der 211 R von Fiat trug zu Recht den Namen „La piccola", war er doch mit 820 kg ein echtes „Fliegengewicht". Dafür eignete er sich perfekt auch für den kleinsten Bauernhof.

führte. Interessant war vor allem das Modell 40, ausgestattet mit einem Boghetto-Motor, der sich mit Benzin starten ließ und nach Erreichen der Betriebstemperatur mit Diesel weiterfuhr.

Nach dem Zweiten Weltkrieg ließen sich Traktoren nur noch sehr schwer verkaufen, da sie für „normale" Landwirte zu groß und zu teuer waren. Auch hier schaffte Fiat mit dem 211 R – „La piccola" genannt – Abhilfe. Das Modell fand weltweit reißenden Absatz. Der 211 R wurde mit einem wassergekühlten Fiat-Dieselmotor mit zwei Zylindern angetrieben, hatte ein 6-Gang-Getriebe mit zwei Rückwärtsgängen und Hinterräder der Größe 9-24. Dieser kleine Traktor war mit einer Zapfwelle und 3-Punkt-Hydraulik bestückt. Der Anbau von Geräten war sowohl hinten, seitlich als auch zwischen den Achsen möglich, sodass dieser Traktor sehr universell einsetzbar war. Bemerkenswert ist auch die Portalvorderachse mit ihrer großen Bodenfreiheit (Daten: PS/kW: 18/13 Hubraum: 1135 ccm; Baujahr: ab 1956–1963 [1958]).

Fiat Typ 25 R, Baujahr 1955

Der in den 1970er-Jahren gebaute Fiat 500 DT Spezial war zwar nicht so erfolgreich wie der Fiat 500 Pkw, doch war er bei den Landwirten sehr beliebt. Mit seinen 50 PS/37 kW, dem 8-Gang-Getriebe und einer Spitzengeschwindigkeit von 25 km/h war er nicht nur für Zugarbeiten, sondern auch als Pflegeschlepper geeignet.

Im Jahr 1962 wurde mit dem türkischen Hersteller Koc Holding in Ankara im Rahmen eines Joint Venture die Firma Türk Traktor aufgebaut. 1970 wurde im süditalienischen Lecce die Fiat Macchine e Movimento Terra S.p.A. gegründet und vier Jahre später als Joint Venture mit der nordamerikanischen Allis-Chalmers Corporation der Konzern Fiat-Allis. Die Landtechniksparte wurde aus dem Konzern ausgegliedert und es entstand Fiat Trattori.

Fiat 215 N, Baujahr 1964, 23 PS/17 kW. Ein sehr wendiger und geländegängiger Traktor.

Fiat 342 R aus dem Jahr 1964

1975 übernahm Fiat die Teilhaberschaft beim italienischen Mähdrescher-Hersteller Laverda und 1977 stieg man mit dem Erwerb von Hesston endgültig in den nordamerikanischen Markt ein. Im Jahr 1984 wurde aus Fiat Trattori Fiatagri, die Konzernholding für den Landmaschinensektor. Nach der Bildung der Firma FiatGeotech und dem Erwerb von New Holland entstand schließlich das Konglomerat N.H. Geotech. Die komplizierte Geschichte von Fiat mit den zahlreichen Firmenkäufen und Umstrukturierungen würde hier bei Weitem den Platz sprengen. Faktum ist: 1993 benannte sich N.H. Geotech in New Holland um. Der Weltkonzern CNH Industrial ist seitdem scheinbar ungebremst am Wachsen ...

Fiat 540 Spezial, Baujahr 1978 mit 54 PS/40 KW, einem Gewicht von 1850 kg und einem Hubraum von 2592 ccm

Fordson

Die Firma „Henry Ford & Son", kurz Fordson genannt, wurde im Jahr 1917 gegründet und startete die Traktorenproduktion in Dearborn/USA. 1919 kam dann als zweiter Standort Cork/Irland dazu.

Zunächst weigerte sich der Aufsichtsrat der Ford Motor Company, Traktoren herzustellen, daher trugen die Modelle den Namen Fordson. 1920 setzte Henry Ford die Übernahme aller Geschäftsanteile durch die Ford Motor Company durch. Die Traktoren waren von Anfang an äußerst erfolgreich, weswegen der Name Fordson auch weiterhin beibehalten wurde (bis ins Jahr 1964).

Besonders beliebt war der Fordson Modell F, der von 1917 bis 1928 in einer Stückzahl von ca. 750 000 gebaut wurde (Produktion im Rouge Plant Dearborn/USA 1917 bis 1928 und in Cork/Irland 1919 bis 1922). Antrieb: 4,3-l-4-Zylinder-Reihen-Benzinmotor mit 20 PS/15 kW, Mischbetrieb mit Petroleum möglich; 3-Gang-Getriebe; Gewicht: ca. 1100 kg.

Als Sohn eines Bauern war Henry Ford sehr an der Landwirtschaft interessiert und baute schon 1907 gemeinsam mit Joseph Galamb den ersten Prototypen eines Traktors (damals noch „Automobil-Pflug" genannt) aus dem Vorderteil eines Modells T und hinten den Rädern eines Bindemähers.

Ein Fordson Super-4

Nicht irritieren lassen: Dieser Fordson Major wurde von seinem Besitzer mit einem „New Holland“-Aufkleber versehen.

Bis 1915 konzentrierte sich Ford jedoch zunächst auf die Produktion des Modells T. Als aber Großbritannien im Ersten Weltkrieg durch die U-Boot-Blockade der deutschen Marine in gravierende Versorgungsschwierigkeiten geriet und selbst nicht mehr genug Maschinen produzieren konnte, um die Landwirtschaft in Schwung zu bringen, sah Henry Ford seine große Chance gekommen: Er versprach, innerhalb kürzester Zeit 6000 Traktoren zu einem günstigen Preis nach England zu liefern, und hielt dieses Versprechen bereits im April 1918 ein. Das war gleichzeitig der Beginn der preisgünstigen Traktormassenproduktion und die Geburtsstunde des „Fordson Modell F“: Bis 1920 wurden weltweit nicht weniger als 162 666 Traktoren dieses Modells produziert, von 1921 bis 1925 waren es 394 842 und von 1926 bis 1930 noch einmal 214 956. Damit waren praktisch 75 % aller neu zugelassenen Traktoren in den USA „Fordsons“.

In Deutschland durfte der Fordson erst 1924 eingeführt werden, da die deutsche Regierung berechtigte Befürchtungen hatte, die deutsche Industrie wäre dem riesigen Ford-Konzern nicht gewachsen. So kamen in Deutschland Traktoren auf den Markt, die zwar leistungsstark, aber um ein Vielfaches teurer waren. Kein Wunder also, dass nach der Lockerung der Einfuhrbestimmungen der „Fordson“ riesigen Absatz fand und die ersten 500 Stück sofort nach der Auslieferung ausverkauft waren. 1925 war dann bereits jeder siebte neu erworbene Traktor in Deutschland ein „Fordson“.

1928 begann Ford mit der Produktion in Irland, zunächst mit Hercules-Motoren, später dann mit Ford-Motoren. Der Erfolg beruhte auf leichten Schleppern mit Motor und Getriebe als tragendem Element, dadurch konnten günstige Schlepper in hoher Stückzahl gebaut werden. Durch die Riemenscheibe konnte der Fordson auch als Stationärmotor zum Antrieb von Maschinen sowie als Zugmaschine für Ackerwagen und Geräte verwendet werden.

Im Jahr 1928 wurde die Produktion aufgrund der Weltwirtschaftskrise und sinkender Nachfrage vorübergehend eingestellt, vor allem aufgrund der großen Nachfrage aus der Sowjetunion aber wieder aufgenommen.

Fordson war stets innovativ. Die vier gleich großen Räder garantierten eine außergewöhnlich hohe Zugkraft.

Einige berühmte Vertreter der Fordson-Baureihen:

1917	Fordson Modell F
1929	Fordson Modell N
1945	Fordson Major
1957	Fordson Dexta
1960	Fordson Super Major
1962	Fordson Super Dexta

Seit dem Jahr 1965 werden die Traktormodelle nur noch unter der Marke Ford vermarktet.

Ein sehr authentischer, scheinbar oft gebrauchter Fordson Super Dexta

Güldner

Ideale Traktoren für kleinere Höfe

Sieht man sich die Produktpalette und die hohe Qualität der Traktoren an, ist es umso trauriger, dass auch die Firma Güldner längst schon Geschichte ist. Gegründet wurde das Unternehmen bereits im Jahr 1904 durch Hugo Güldner unter dem Namen Güldner-Motoren GmbH im deutschen Aschaffenburg. Ihren ersten Traktor stellte die zu Linde gehörende Firma Güldner-Motoren-Werke im Jahr 1936 vor. Das Modell wurde aber schließlich von der Firma Deuliewag vertrieben, mit der es auch während des Zweiten Weltkriegs eine Zusammenarbeit gab. Wie auch das Unternehmen Fahr baute Güldner während des Krieges Holzgasschlepper. Obwohl das Werk zerbombt wurde, setzte man gleich nach dem Krieg die Produktion fort, wobei man teilweise Restteile dieser Holzgasschlepper verwendete. Ab 1947 wurde mit der Nachkriegsproduktion von Traktoren begonnen. Ein erstes Modell war der D 28 U (das „U" stand dabei für Umbau) mit 28 PS/21 kW und einem Gewicht von über 2100 kg, von dem lediglich 150 Stück gebaut wurden. Auch der A(F) 15 („F" stand für four = vier Gänge) war ein legendäres Modell, das ideal für kleinere Höfe war. Güldner bot seine Motoren schließlich auch anderen Traktorproduzenten an. Von 1959 bis 1962 wurde gemeinsam mit Fahr die Europa-Reihe produziert, wobei Fahr dann die Traktorenproduktion einstellte. Obwohl die Güldner-Traktoren sehr beliebt und auch von hoher Qualität waren, überlebte auch Güldner den allgemeinen Rückgang des Traktorenabsatzes während der 1960er-Jahre nicht. Im Jahr 1969 stoppte Linde schließlich die Traktorenproduktion in ihrem Güldner-Werk, was auch das Ende der Güldner-Schlepper bedeutete. Stattdessen verlegte man sich auf das Gabelstapler- und Hydraulikprogramm.

Ein mehr als handlicher Güldner Diesel Junior

Hanomag

Der in Schönheit gestorbene Riese

Die Hannoversche Maschinenbau AG, kurz Hanomag genannt, hatte ihren Sitz in Hannover und produzierte bereits seit 1835 Dampflokomotiven, später Schiffe und Lkw. Kurz nach der Jahrhundertwende fanden in der Landwirtschaft große Veränderungen statt. Nun wurden statt der Lokomobile, welche die Pflüge zogen, selbstfahrende Tragpflüge entwickelt. Im Jahr 1912 stieg auch die Hanomag mit dem System Wendeler-Dohrn in diesen Produktionszweig ein, der allerdings noch über die „Deutsche Kraftpfluggesellschaft m.b.H." in Berlin vertrieben wurde. Ab diesem Jahr wurden Tragpflüge mit bis zu 80 PS/59 kW starken Benzolmotoren produziert. Im Jahr 1919 wurde das Programm durch Kettenschlepper, im Jahr 1924 durch Radschlepper erweitert. Alle Maschinen trugen die Initialen ihrer Erfinder im Namen: WD (Ernst Wendeler und Boguslav Dohrn).

Der WD-Radschlepper R 26 aus dem Jahr 1924 hatte 26 PS/19 kW und im Wesentlichen die Blockbauweise des berühmten Fordson-Traktors. Schon bald erkannte Hanomag, dass die Zukunft dem Diesel gehörte, und brachte 1931 den weltweit ersten Dieselschlepper RD 36 mit 4-Zylinder-Motor und 5195 ccm Hubraum auf den Markt. Hanomag war 1939 und Anfang der 1950er-Jahre Marktführer. Ab den 1960er-Jahren geriet das Unternehmen durch eine sehr unglückliche Firmenpolitik (den Kunden sollte möglichst jeder Wunsch erfüllt werden) sowie eine nicht geglückte Umstellung auf 2-Takt-Motoren in ernsthafte Schwierigkeiten. Schließlich entschied der Rheinstahl-Konzern, die Schlepperproduktion überhaupt einzustellen. Mit dem letzten Modell, dem Robust 900, zeigte Hanomag allerdings noch

Ein Hanomag Brillant 600, Baujahr 1963

Ein Hanomag Perfekt 300 mit 25 PS/18 kW, Baujahr 1964

einmal sehr eindrucksvoll, welcher Verlust diese Einstellung sein würde. Der Robust 900 hatte einen 92 PS/68 kW starken 4,7-l-6-Zylinder-Motor, fortschrittliche Allradtechnik und eine sehr stabile Antriebs- und Lenkungsmechanik. Mit diesem Universaltalent endete Anfang 1971 allerdings die Traktorproduktion bei Hanomag. Immerhin hatte das Unternehmen in annähernd 70 Jahren mehr als 250 000 Schlepper hergestellt. Das Traktorenwerk in Argentinien wurde schließlich an Massey-Ferguson verkauft, die Lkw-Produktion an Daimler-Benz und der Rest an die Firma Kubota.

Als Hanomag die Schlepperproduktion einstellte, um nur noch Baumaschinen herzustellen, wurde die Landwirtschaft davon dennoch sehr überrascht. Denn nur wenige Monate zuvor hatte das damals zum Essener Rheinstahl-Konzern gehörende Unternehmen noch einmal eine große Anzeigenkampagne für die eigenen Traktoren gestartet. Tragischerweise wurde die Produktion tatsächlich zu einem Zeitpunkt eingestellt, als man gerade die kraftvollsten, komfortabelsten und zuverlässigsten Schlepper gebaut hatte. Viele davon waren dann noch lange Zeit im Einsatz. Und so bleiben aus den letzten Bestandsjahren von Hanomag legendäre Schlepper aus den Serien Robust, Brillant, Perfekt oder Granit in Erinnerung. Die Namen sollten wohl noch einmal zum Aufschwung beitragen, aber auch das gelang nicht mehr …

Hela

Der zweite Lanz in der Traktorgeschichte

Wenngleich es sich bei diesen Traktoren auch um Lanz handelte, hatten die beiden nichts miteinander zu tun. Hermann Lanz senior gründete im oberschwäbischen Aulendorf eine mechanische Werkstätte, in der zunächst Reparaturen an landwirtschaftlichen Gerätschaften durchgeführt wurden. Im Jahr 1914 übernahm Hermann Lanz junior den elterlichen Betrieb und das Unternehmen begann mit der Herstellung von selbst entwickelten landwirtschaftlichen Geräten (hauptsächlich zur Feldbearbeitung, wie Eggen, Pflüge und Walzen). Ab 1927 stellte Hermann Lanz auch Motormäher und selbstfahrende Arbeitsmaschinen her. Im Jahr 1929 wurde der erste Mähschlepper Typ Samson vorgestellt, doch die eigentliche Schlepperproduktion begann erst 1936, als der 22 PS/16 kW starke D 37 konzipiert wurde. Das D stand für den verwendeten Dieselmotor und die Zahl für das Modelljahr des Schleppers. Der D 37 wurde bereits mit einem 2-Zylinder-Deutz-F2M-313-Motor versehen. Kurz darauf wurde der verbesserte D 40 präsentiert, der mit einem

Ein Hela Diesel aus dem Jahr 1955 mit 12 PS/ 9 kW

Die charakteristische Lanze war das typische Markenzeichen der Hela-Traktoren.

2-Zylinder-Universaldieselmotor bestückt war. Es war ein sehr zuverlässiger und robuster Bauernschlepper, der noch in der Nachkriegszeit sehr beliebt war. Die Fertigung von landwirtschaftlichen Geräten wurde nun vollständig eingestellt, man hatte sich gänzlich auf die Traktorproduktion spezialisiert.

Nach dem Krieg wurde die Schlepperproduktion mit dem D 47 wieder aufgenommen. Mittlerweile gab es bereits wartungsfreundliche, klappbare Motorhauben, welche die abnehmbaren Blechhauben zwischen Kühler und Tank ersetzten. 1951 wurde dann die typische Hela-Lanze mit der Bezeichnung Hela als Markenzeichen eingeführt. Das Schlepperprogramm umfasste in den 1950er-Jahren Leistungen von 12 PS/9 kW bis 40 PS/29 kW, teilweise wurden die Hela-Traktoren auch exportiert. Der Varimot, ein Weinbergschlepper, wurde 1956 vorgestellt. 1958 lieferte man den 20 000. Schlepper aus, die Firma beschäftigte etwa 600 Mitarbeiter. In den 1960er-Jahren wurde auch die Fertigung von Allradschleppern in das Programm aufgenommen. Mit dem Ende der 1960er-Jahre wurde jedoch die Motorenfertigung nach mehr als 7000 Motoren bei Hela eingestellt. Wie bei vielen anderen Traktorfirmen verlief auch bei Hela der Abstieg sehr rasant und verhängnisvoll: 1979 musste die Traktorproduktion in Aulendorf eingestellt werden und 1983 ging das Unternehmen schließlich in Konkurs.

Hofherr & Schrantz

Das Unternehmen Hofherr & Schrantz wurde 1869 in Wien gegründet und war eine Fabrik für landwirtschaftliche Maschinen, die unter anderem auch Lokomobile herstellte. Im Jahr 1912 kam es zu einer Fusion mit der englischen Clayton & Shuttleworth Ltd. (gegründet 1857). Gemeinsam stellte man von nun an Dampfpflüge, Straßenlokomobile, Dampfmaschinen- und Stationärmotoren her. Der erste selbstfahrende Motor wurde im Jahr 1923 präsentiert. Folgende Motoren wurden nun entwickelt: MER-14 und MET-16 als Petroleummotor, MES-25 als Gasmotor, MEX-12 als Benzinmotor und als Glühkopfmotoren mit Verdampfungskühlung. Ab 1926 wurden auch Glühkopfmotoren entwickelt und die Motoren mit Kühlern ausgestattet.

Der Traktorenbau begann im Jahr 1927 mit dem Traktor K-26, bald darauf folgte eine Reihe weiterer Modelle, z. B. 1930 der K-40 als Raupe und als Verkehrsschlepper. Im Jahr 1938 übernahm die Firma Lanz in Mannheim die Aktienmehrheit. Ab 1940 wurde dann fast ausschließlich fürs Militär produziert. Nach dem Krieg wurde das Unternehmen verstaatlicht und schließlich 1969 mit der Trauzl-Werke AG fusioniert. Bereits ein Jahr später wurde HSCS durch die Böhler-Werke AG (heutiger Name Böhler-Uddeholm AG) aufgekauft. Damit war eine weitere Traktormarke verschwunden, ein Schicksal, das um 1970 zahlreiche andere Unternehmen ebenso traf.

Ein Hofherr-Schrantz A 111, System Porsche, 1 Zylinder, 11 PS/8 kW, Baujahr 1956.

Ein Hofherr-Schrantz A 122, System Porsche, Baujahr 1957

Die Firma Hofherr & Schrantz wurde nicht zuletzt in dieses Buch aufgenommen, weil sie die unglaubliche Vielfalt der Traktorenmarken in den 1950er- und 1960er-Jahren dokumentiert. Auch ist sie ein gutes Beispiel für die vielen nationalen Firmen, die damals noch auf dem Traktormarkt Platz hatten und fast allesamt innerhalb weniger Jahre verschwunden sind. Die robusten Traktoren freilich haben die Jahrzehnte gut überstanden und sind noch heute häufig auf Oldtimer-Treffen zu sehen. Um Irritationen vorzubeugen: Das Modell unten ist ein echter Hofherr-Schrantz, der lediglich mit einem Fiat-Aufkleber versehen wurde.

Ein Hofherr-Schrantz System Porsche, Typ A 140, Baujahr 1960, 40 PS/29 kW

Hürlimann

Schon immer ein „Rolls-Royce“

Obwohl der Schweizer Traktorhersteller Hürlimann zur SAME-Gruppe gehört, ist sein Platz in der Traktorgeschichte unbestritten. Das Unternehmen arbeitete sich vom ersten Modell mit einem 1-Zylinder-Berhard-Motor und 8 PS/6 kW stetig empor und präsentierte 1939 eine Weltneuheit: den ersten Dieselmotor mit Direkteinspritzung. Unter den Landwirten erwarben sich die Hürlimann-Traktoren den Ruf als kleiner „Rolls-Royce“ und verkauften sich großartig. Die meisten Bestandteile der Hürlimann-Traktoren wurden übrigens auch im eigenen Haus gefertigt. Seit 1979 gehört das Schweizer Unternehmen zu SAME-Deutz-Fahr und die Traktoren werden im SAME-Stammwerk in Treviglio gebaut.

Als in der Schweiz im Jahr 1958 die Einfuhrbeschränkungen für ausländische Traktoren aufgehoben wurden, musste der Traktorhersteller auf den enormen Konkurrenzkampf reagieren. So wurde eine neue, technisch hochwertige Traktorbaureihe mit unterschiedlich abgestuften Triebwerken entworfen. Die Traktoren wurden dabei mit der Motorreihe DS 70 bestückt, einem wassergekühlten 4-Zylinder-Dieselmotor mit einer Stärke von 45 PS/33 kW. Diese für die damalige Zeit sehr ausgereiften Modelle D 65, D 70 und D 90 garantierten Hürlimann die Behauptung auf dem Schleppermarkt.

Der Hürlimann D 70 SSP verfügte über ein 7-Gang-Getriebe mit Rückwärtsgang, Doppelkupplung und Motorzapfwelle. Äußerlich waren die Typen D 65, D 70 und D 90 kaum voneinander zu unterscheiden. Hier ein Modell aus dem Jahr 1958.

Jess

Eine Rarität aus Österreich

Die Firma Jessernigg wurde im Jahr 1890 in Korneuburg als Kupferschmiede gegründet und übersiedelte 1895 nach Stockerau. 1921 gründete Viktor Jessernigg gemeinsam mit Josef Urban in Stockerau die „Metallwarenfabrik Jessernigg & Urban". Das Unternehmen beschäftigte sich hauptsächlich mit der Erzeugung von Pflanzenschutzgeräten für Wein- und Feldbau, als zweites Standbein betrieb man außerdem Schnapsbrennereien.

Während des Zweiten Weltkriegs war die Firma auch Zulieferer des V2-Programms. Unter dem Fertigungskennzeichen cbu wurden vor allem Komponenten für den Kopf der V2-Raketen gefertigt.

Nach dem Krieg wurden in den 1950er-Jahren eine Zeit lang sogar Traktoren hergestellt, die heute in Sammlerkreisen sehr beliebt sind.

Nach nunmehr 95-jährigem Bestehen ist Jessernigg der größte österreichische Hersteller von Pflanzenschutzgeräten und Schnapsbrennereien modernster Technik.

Im Jahr 1995 übersiedelte die gesamte Produktion aus organisatorischen Gründen von Stockerau nach Marchtrenk. Eine Niederlassung blieb jedoch in Stockerau bestehen, welche für den Verkauf von Ersatzteilen und den Kundendienst in Ostösterreich und für die angrenzenden Nachbarländer zuständig ist.

Auf dem Bild ein Jess-Traktor, heute schon außerordentlich selten. Das Modell wurde im Jahr 1956 gebaut und hat einen 1-Zylinder-Motor/JLO Diesel mit 10 PS/7 kW.

Kramer

Die Firma mit dem „Allesschaffer"

Mit einem simplen Grasmäher begann im Jahr 1925 die Geschichte der Brüder Kramer und ihrer Traktoren. Diesem sogenannten „Kleinen Kramer" folgten dann so unverwüstliche Schlepper wie der berühmte „Allesschaffer" oder der KL11, die der Marke Kramer bald einen ausgesprochen guten Ruf bescherten. 1925 bauten die Brüder Kramer in Gutmadingen im Landkreis Tuttlingen die ersten in Deutschland produzierten kleinen Motormäher und Traktoren. Nach dem Zweiten Weltkrieg musste improvisiert werden, da die Rohstoffe knapp waren. Trotzdem gelang es, teilweise auch durch Umbauten alter Holzgastraktoren, die Produktion nach und nach wieder zu steigern. Als es wieder genügend Kraftstoff gab, rüstete man auf Dieselbetrieb um. Im Jahr 1952 wurde der Hauptsitz des Unternehmens nach Überlingen am Bodensee verlegt.

1957/58 wurde im Unternehmen eine eigene Abteilung für Industrie- und Baumaschinen geschaffen. 1968 erregten die Kramer-Werke großes Aufsehen, als der erste deutsche Lader mit Allradantrieb und gleich großen Rädern präsentiert wurde. Bald darauf folgten dieser Erfindung weitere allradgelenkte Maschinen.

Im Jahr 1973 gab es dann jedoch einen massiveren Einschnitt, als der Geschäftsbereich Traktoren zugunsten der Baumaschinenproduktion eingestellt wurde. Im Jahr 1987 erfolgte eine Konzentration auf das Geschäftsfeld Allradlenkung. Aus dieser Entwicklung resultierte 1993 der erste Radlader mit teleskopierbarer Ladeanlage. Das Unternehmen blieb in weiterer Folge in diesem Tätigkeitsbereich bis heute äußerst erfolgreich.

Heute ist die ehemalige Traktorenproduktion der Firma immerhin so legendär, dass u. a. ein eigenes Buch darüber geschrieben wurde.

Hat offensichtlich schon viel erlebt: ein Kramer KA 15, Baujahr 1959, mit 15 PS/11 kW und einer Höchstgeschwindigkeit von nahezu 20 km/h

Landini

Der berühmte Glühkopfmotor

Die Firma Landini wurde bereits 1884 gegründet und ist damit die älteste Traktorenfabrik Italiens. Schon im Jahr 1910 baute Giovanni Landini den ersten „testa calda" oder auch Zündkopfmotor. Dieser wird oft auch als Semi-Diesel bezeichnet, obwohl keine Elektrik dahintersteckte, sondern der Treibstoff in einer Brennkammer am Kopf zur Entzündung gebracht wurde. 1924 präsentierte er den Prototyp des ersten Traktors mit diesem Motor, das Modell 25/30. Auch nach dem Zweiten Weltkrieg setzte das Unternehmen die Produktion der Glühkopftraktoren fort, die dem Lanz-Bulldog nachempfunden waren und mit dem 1-Zylinder-2-Takt-Verfahren arbeiteten. Der Kühler war jedoch an der Stirnseite angebracht, dahinter befand sich der durch einen Riemen angetriebene Ventilator. Der Landini L25 war der erste in einer Reihe, die bis zu 65 PS/48 kW reichte. Er besaß ein 4-Gang-Getriebe mit einem Rückwärtsgang und wurde bis zum Jahr 1956 gebaut. Eine etwas stärkere Variante war dann der L35.

Landini L25, Baujahr 1946–56, 25 PS/18 kW, Hubraum: 7222 ccm

Ein sehr schön restaurierter Landini L25

Obwohl Landini schon 1924 verstarb und die Früchte seiner Arbeit nicht ernten konnte, war seine Erfindung so erfolgreich, dass sie noch in den 1950er-Jahren eingesetzt wurde. Der stärkste Zündkopfmotor-Traktor war der im Jahr 1955 präsentierte L55, doch danach waren die Tage dieses Motorentyps endgültig gezählt.

Zwei Jahre später wurde ein Abkommen mit „Perkins Engines Peterborough" für die Produktion der englischen Dieselmotoren in Italien unterzeichnet, und bis heute sind alle Landini-Traktoren mit Perkins-Motoren ausgerüstet.

Die Landini- Traktoren zählen zu den ältesten und unverwüstlichsten Europas.

Lanz

Geschichte der Heinrich Lanz AG in Mannheim

In Deutschland war es vor allem die Firma Lanz, die wesentlich zur Entwicklung des Traktors beitrug. Im Jahr 1859 trat der junge Kaufmann Heinrich Lanz in die Speditionsfirma J. P. Lanz & Co. in Mannheim ein. Ein Jahr später gründete er eine Reparaturwerkstatt mit zwei Angestellten für die Reparatur und Wartung der verkauften Maschinen. Bald darauf begann die Firma Lanz die Fabrikation von Futterschneidern, Hand- und Göpeldreschmaschinen und 1879 verließ der erste selbst gebaute Maschinensatz (Dreschmaschine und Lokomobil) die Werkstatt.

Auch nach dem Tod von Heinrich Lanz im Jahr 1905 ging die Produktion weiter und im Jahr 1907 wurde das 20 000. Lokomobil gebaut. Lanz stellte aber auch Luftschiffe, selbstfahrende Bodenfräsen und Kriegszugmaschinen mit Benzinmotoren bis 120 PS/88 kW her. Den Prototyp eines Traktors mit einem 2-Takt-Zündkopfmotor und der Bezeichnung HL 12 präsentierte das Unternehmen im Jahr 1921 auf der Leipziger Landwirtschaftsausstellung. Aufgrund seiner gedrungenen Gestalt wurde er „Bulldog" genannt und bildete den Auftakt einer langen Reihe von Traktoren des Typs Lanz Bulldog. 1923 wurde unter der Bezeichnung „HP" der Knicklenker mit Allradantrieb vorgestellt. Nach der Gründung der Aktiengesellschaft Heinrich Lanz im Jahr 1925 brachte man ein Jahr später den Großbulldog HR 2 auf den Markt. Die Familie Lanz schied 1931 durch Übernahme der Aktienmehrheit durch die Deutsche Bank aus der Firma aus. Zu Beginn des Zweiten Weltkriegs umfasste das Bulldog-Programm

Lanz Bulldog Typ D 1506, Baureihe HR 8, 1950–1955

Lanz Bulldog Typ D 1506, Baureihe HR 8: 55 PS/40 kW bei nur 750 U/min, 1 Zylinder, 12 l Hubraum (10 338 ccm). Baujahr: 1950–1955 Stückzahl: 394 (bis 1951); Gewicht: rund 3500 kg

Der Lanz Bulldog D 1506 war der leistungsstärkste Traktor aus der Familie der Großbulldogs und erlebte nach dem Zweiten Weltkrieg eine Neuauflage. Er kam als letztes Modell aus der Bulldog-Reihe wieder ins Produktionsprogramm. Der D 1506 besaß ein 6-Gang-Getriebe und erreichte damit eine Geschwindigkeit von nahezu 20 km/h. Nachdem die Drehzahl während der Kriegszeit wegen Schonung des Materials auf 630 U/min gesenkt worden war, erreichte er nun mit 750 U/min wieder seine Höchstleistung von 55 PS/40 kW. Der letzte Bulldog hatte nach wie vor einen beachtlichen Kundenstamm, doch lief die Produktion 10 Jahre nach Kriegsende unwiderruflich aus. Ein kleines Preisbeispiel: Der Kaufpreis im Jahr 1950 belief sich auf 12.538 DM, während der durchschnittliche Stundenlohn eines Arbeiters im Jahr 1950 lediglich 52 Pfennige betrug.

sechs Grundtypen, darunter eisen- und luftbereifte Ackerbulldogs, aber auch schnelle Verkehrsbulldogs. Im Krieg mussten aufgrund der Brennstoffknappheit sogar Bulldogs mit Holzvergaserantrieb gebaut werden. Im April 1942 konnte schließlich der 100 000.(!) Bulldog ausgeliefert werden.

Trotz zahlreicher Zerstörungen wurde unmittelbar nach dem Krieg die Produktion wieder aufgenommen und es folgte der Wechsel vom reinen Glühkopfmotor zum sparsameren Mitteldruckmotor. Berühmt wurde der Geräteträger „Alldog“, schließlich kamen dann auch neu entwickelte, einzylindrige 2-Takt-Volldieselmotoren in den vier Schleppertypen zum Einsatz. Im Jahr 1956 übernahm John Deere die Aktienmehrheit bei Lanz, wobei das letzte reine Lanz-Produkt der D4016 mit 40 PS/29 kW war. Von nun an wurde auch die grün-gelbe Farbgebung von John Deere für die Bulldogs und Landmaschinen von Lanz übernommen. Im Jahr 1959 wurde das 100-jährige Bestehen des Lanz-Werkes gefeiert, doch schon ein Jahr später wurde der Firmenname in „John Deere-Lanz AG“ geändert. Zwar wurde Mitte der 1960er-Jahre mit der 10er-Serie noch ein völlig neues Traktorenprogramm mit neuen Motoren und neuem Design vorgestellt, doch dann verschwand der Name Lanz langsam, aber sicher, nicht aber die Produktionsstätte. Bereits 1967 wurde das Werk in „John Deere Werke Mannheim, Zweigniederlassung der Deere & Company“ umbenannt.

Lindner

Bodenständigkeit seit 1948 macht sich bezahlt!

Der Gründer des Traktorenwerkes Lindner, Ing. Hermann Lindner, entstammt einer 15-köpfigen Bergbauernfamilie aus Breitenbach in Tirol/Österreich. Während des Krieges war Lindner wegen seiner hervorragenden technischen Kenntnisse (er erfand u. a. die gegenläufige Doppelluftschraube) der Luftwaffe zugeteilt. Als er 1948 den ersten handwerksmäßig erzeugten Traktor präsentierte, konnte noch niemand ahnen, dass sich die Lindner-Traktoren auch fast 70 Jahre später ungebrochener Beliebtheit erfreuen würden. Dass eine relativ kleine, bodenständige Firma am ständig in Veränderung begriffenen Traktorenmarkt überhaupt überleben kann, ist eine außergewöhnliche und erfreuliche Erfolgsgeschichte.

Der L 20 A war der erste Traktor mit 4-Rad-Antrieb in Österreich und war mit einem liegenden 1-Zylinder-Motor von Jenbacher ausgestattet. Das Modell

Ein schönes und seltenes Stück: der Lindner Allrad, Typ J 2055 mit 20 PS/14 kW, Baujahr 1955

Ein Lindner L 17 A, Baujahr 1957, eine Weiterentwicklung des als „Bauernfreund" bekannt gewordenen Modells L 14. Es handelte sich um einen modernen, in Blockbauweise konstruierten Leichttraktor.

L 14, ein in Blockbauweise konstruierter Leichttraktor mit einem Gewicht von lediglich 940 kg, wurde unter dem Namen „Bauernfreund" berühmt (siehe Firmengeschichte, Seite 103). Er wurde ab 1954 fünf Jahre lang hergestellt. Nach dem tragischen Verkehrsunfall des Firmengründers im Oktober 1957 führten seine Söhne Hermann und Rudolf Lindner sowie die Ehefrau des Firmengründers und ihre Tochter den Betrieb weiter.

Ein Lindner SD 21 mit 10 PS/7 kW, Baujahr 1955

MAN

Die Maschinenfabrik Augsburg-Nürnberg AG, kurz MAN, ist eines der größten Fahrzeug- und Maschinenbauunternehmen der Welt mit 55 000 Beschäftigten. Einen kurzen Zeitraum der bald 260 Jahre dauernden Firmengeschichte – die Wurzeln des Konzerns reichen im Prinzip in das Jahr 1758, in dem die Eisenhütte St. Antony in Oberhausen gegründet wurde – baute MAN auch Traktoren, genauer gesagt in den Jahren 1921 bis 1962.

1923 wurde ein Kleinschlepper mit 20 PS/15 kW auf den Markt gebracht, die Produktion allerdings zugunsten des weit einträglicheren Lkw-Baus wieder eingestellt. Vor dem Zweiten Weltkrieg wurde allerdings wieder mit der Schlepperproduktion begonnen und diese auch durch die Kriegs- und Nachkriegszeit weitergeführt. Während des Kriegsverlaufs und der Forderung der nationalsozialistischen Machthaber, jede Industrie zugunsten der Kriegsindustrie hintanzustellen, lagerte MAN die Produktion seiner erfolgreichen Ackerschlepper AS 250 nach Frankreich aus. Nach Kriegsende wurde mit dem AS 325 ein weiterer erfolgreicher MAN-Schlepper produziert. Bis zum Ende des Schlepperbaus im Jahr 1962 produzierte MAN rund 50 000 Traktoren. Die meisten waren, von der 4 S-Reihe mit 50 PS/37 kW abgesehen, im Leistungsbereich zwischen 25 und 40 PS bzw. 18 und 29 kW angesiedelt und wahlweise mit Zwei- oder Allradantrieb erhältlich. 1962 wurde die Traktorenproduktion mit Porsche zusammengelegt, doch da Porsche die Produktion stilllegte, gehörte von nun an der MAN-Ackerdiesel der Vergangenheit an.

Ein MAN-Ackerdiesel 4 S1 aus dem Jahr 1957. Der 50 PS/37 kW starke Traktor wurde von einem 4-Zylinder-Diesel mit Direkteinspritzung angetrieben. Das Eigengewicht lag bei 3170 kg, das Getriebe hatte sieben Vorwärts- und einen Rückwärtsgang.

Massey-Ferguson

Englisch-kanadische Qualität

Über die Gründung von Massey-Ferguson ist in diesem Buch bereits berichtet worden. Der Name Massey-Ferguson entstand 1958 als Kurzbezeichnung des Namens Massey-Harris-Ferguson. Das Unternehmen wurde 1953 im Anschluss an die Fusion der bekannten nordamerikanischen Firma Massey-Harris mit der irisch-englischen Firma Harry Ferguson Limited gegründet. Der Ingenieur Harry Ferguson leitete mit seiner Dreipunktkupplung, mit deren Hilfe Traktor und Arbeitsgerät als ganzheitliches System funktionieren, einen bedeutenden Wandel im Bereich der Traktorentechnik ein. Die Geschichte von Massey-Harris geht bis 1847 zurück, als Daniel Massey in Ontario, Kanada, begann, einfache landwirtschaftliche Geräte herzustellen. Knapp 10 Jahre später errichtete, ebenfalls in Ontario, Alanson Harris eine Gießerei für die Fertigung und Reparatur landwirtschaftlicher Geräte. Massey und Harris gründeten unabhängig voneinander Firmen zur Herstellung von Erntemaschinen und fusionierten schließlich im Jahr 1891.

Durch die Fusionierung von Massey-Harris mit Harry Ferguson Limited entstand ein riesiges Unternehmen mit Traktorenwerken auf beiden Seiten des Atlantischen Ozeans und für einige Zeit der größte Traktorenhersteller der Welt. Vorerst wurden die Modelle der einzelnen Partnerfirmen unverändert weitergeführt, allerdings unter der Bezeichnung Massey-Ferguson, ab 1957 begann das Unternehmen aber dann, Modellreihen zusammenzuführen und zu rationalisieren.

Noch rein kanadische Traktoren: die ersten Traktoren der Fusionsfirma Massey-Harris

Ein Massey-Ferguson 35 mit Frontlader. Der MF 35 war eine Weiterentwicklung des legendären grauen Ferguson 20 – und wurde auch in Grau zum Verkauf angeboten.

Eines der wichtigsten Modelle der Firma in den späten 1950er- und 1960er-Jahren wurde der MF 35, eine Weiterentwicklung des legendären grauen Ferguson 20. Ab dem Jahr 1956 erhältlich, wurde der 35er nach der Fusionierung von Massey-Ferguson mit dem englischen Motorenbauer Perkins ab 1959 mit dessen Motoren ausgestattet. Die Leistung lag bei 35 PS/26 kW, bis zum Ende der Modellproduktion 1964 wurden fast 400 000 35er gebaut.

Ein weiteres erfolgreiches „Oldtimer-Produkt" war der MF 65, der in den Jahren 1958 bis 1964 gebaut wurde. Der 4-Zylinder-Diesel von Perkins schaffte bis zu 50 PS/37 kW, das Getriebe hatte sechs Vorwärts- und zwei Rückwärtsgänge.

Der MF 35 wurde ein absoluter Bestseller unter den Massey-Fergusons. Er wurde fast 400 000 Mal verkauft.

Ein MF 65 mit einer Ballenpresse von Massey-Harris. Massey-Ferguson entstand durch die Fusion von Massey-Harris mit Harry Ferguson. Massey-Harris selbst entstand durch eine Fusionierung der Massey Manufacturing Company mit der Alanson Harris and Son Implement aus dem Jahr 1891.

Auch der MF 135 aus den 1960ern verkaufte sich sensationell gut. Der 3-Zylinder-Motor von Perkins hatte 2460 ccm Hubraum und leistete bis zu 48 PS/35 kW. Das Getriebe hatte acht Vorwärts- und zwei Rückwärtsgänge, das Eigengewicht des Schleppers lag bei rund 1800 kg.

Von 1972 bis 1987 war Massey-Ferguson ununterbrochen der absatzstärkste Traktorenhersteller der westlichen Welt. 1994 wurde die englisch-kanadische Fusionsfirma Massey-Ferguson Teil der US-amerikanischen AGCO- Gruppe.

Ein MF 135 bei der Feldarbeit. Im Jahr 1970 wurde der 350 000. MF 135 verkauft – und das, obwohl die 100er-Serie von MF, auch „red giants" genannt, erst 1964 eingeführt worden

Normag

Der Name leitet sich von der Nordhäuser Maschinenbau GmbH ab, die sich ab 1937 schlicht „Normag" nannte. Zu Beginn der 1930er-Jahre begann Prof. Dr. Karl Glinz im deutschen Nordhausen mit dem Bau kleiner Ackerschlepper, die unter dem Namen „Rohöl-Ackerschlepper" vertrieben wurden. Nach seinem Tod im Jahr 1937 übernahm sein Sohn Dr. Hans-Karl Glinz den Firmenvorsitz und setzte das Werk seines Vaters fort. Die ersten Normag-Traktoren waren wie der Lanz-Bulldog mit einem 1-Zylinder-2-Takt-Glühkopfmotor ausgestattet, der bei einer Drehzahl zwischen 500 und 700 U/min eine Leistung von über 20 PS/15 kW erreichte. Das Unternehmen blühte sehr schnell auf, woran vor allem auch der legendäre 22-PS/16 kW-Dieselschlepper „NG 2" beteiligt war. Das Programm wurde ab 1941 durch den ebenfalls 22 PS/16 kW starken „NG 10" ergänzt. Da während des Zweiten Weltkriegs die Treibstoffe jedoch immer knapper wurden, nahm man ab 1942 die Schlepper „NG 22" und „NG 10" aus dem Programm und baute stattdessen den Holzgasschlepper „NG 25".

Nach dem Krieg nahm man in Nordhausen den Traktorbau wieder auf, allerdings lag das Werk der Nordhäuser Maschinenbau GmbH in der sowjetischen Besatzungszone. Dies stellte ein sehr großes Problem dar, weil der Absatz der Fahrzeuge vor dem Krieg hauptsächlich in Westdeutschland erfolgte. So übersiedelte man zunächst in das am Südharz gelegene Zorge, wo man ab 1946 mit der Produktion des 24 PS starken „NG 23" begann, einem Traktor, der sehr stark dem „NG 22" ähnelte. Im Jahr 1947 wurde die Produktion dann im ehemaligen Zweigwerk in Hattingen/Ruhr fortgesetzt.

Ausfahrt mit einem perfekt restaurierten und voll verkehrstüchtigen Normag

Jetzt wieder wie neu: ein restaurierter Normag NG 22, Baujahr 1938–1942, 22 PS/16 kW, von dem knapp 5000 Stück hergestellt wurden. Hubraum 2120 ccm, er konnte 15 t Anhängelast bewegen, bei einem Gewicht von 1850 kg. Ausstattung: wassergekühlter 2-Zylinder-4-Takt-Dieselmotor, 4-Gang-Getriebe, Geschwindigkeit maximal 17,5 km/h, gefederte Vorderachse und Doppelsitzbank.

Zu den „NG 23 K" wurde erstmals ein aus eigener Entwicklung stammender wassergekühlter 2-Zylinder-Dieselmotor eingebaut. Der Traktor besaß ein 4-Gang-Getriebe, auf Wunsch wurde er sogar mit einem 8-Gang-Getriebe ausgestattet. Charakteristisch war bei diesem Modell die runde Motorverkleidung und es verfügte über eine beachtliche, sehr innovative technische Ausstattung (z. B. eine paten-tierte Druckluftkraftheberanlage und zahlreiche dazu passende Arbeitsgeräte).

Ab 1949 wurde das Schlepperprogramm durch den „NG 15 L" ergänzt, ein Jahr später kam der „NG 35" dazu. Ab 1952 folgten die Typen „L 10", „Faktor I", „Faktor II" sowie der Großschlepper „NG 45". Mit all diesen Modellen konnte Normag ein vollständiges Traktorenprogramm zwischen 10 und 45 PS anbieten, welches durch die beiden 1954 vorgestellten Typen „Kornett I" und „Kornett II" noch weiter aufgewertet wurde. Schon vorher, nämlich 1952, war die Firmenzentrale ins bergische Velbert-Langenberg (Nordrhein-Westfalen) verlegt worden.

Dann allerdings kam sehr rasch der Einbruch: Aufgrund sinkender Absatzzahlen wurde Normag 1955 von Orenstein & Koppel übernommen und ein Jahr später ein völlig neues Schlepperprogramm vorgestellt (die Typen N 12, K 15a, K 18a, F 22, F 30, NG 35 M und NG 45 L). Doch selbst als 1957 weitere Typen (K 13a und K 16b) präsentiert wurden, war das Unternehmen Normag-Traktoren nicht mehr zu retten. Als die Absatzzahlen weiter sanken, traf man mit der Porsche Diesel GmbH ein Abkommen, dass diese ab Anfang 1958 die Ersatzteilversorgung der verbliebenen Normag-Schlepper sichern sollte. Normag hingegen stellte zum selben Zeitpunkt die Schlepperherstellung ein. Normag selbst kehrte später zu seinen ursprünglichen Wurzeln zurück und produzierte Ersatzteile für den Bergbau. Die Normag-Traktoren hingegen haben Kultstatus erlangt und zählen heute zu den beliebtesten Oldtimern überhaupt.

Porsche

Von der Rennpiste auf den Acker

Auch wenn es die Sportwagenfreunde verwundert: Porsche kann auch langsame Gefährte bauen, bzw. konnte dieses. Die Firma produzierte von 1956 bis 1963 auch Traktoren. Eigentlich nicht aus eigenem Antrieb, sondern aufgrund eines Befehls, der 19 Jahre früher ausgesprochen wurde.

Im Jahr 1937 forderte der Diktator Deutschlands, Adolf Hitler höchstpersönlich, den begnadeten Ingenieur und Konstrukteur Ferdinand Porsche auf, einen Volksschlepper zu konstruieren. So wie es den von Porsche konstruierten Volkswagen für alle geben sollte, sollte auch auf allen Höfen ein leistbarer Volksschlepper stehen. Porsche begann mit ein paar Prototypen, 1941 musste aber der Bau des „Volksschleppers" aufgrund des Krieges eingestellt werden. 1944 wurde aufgrund des Kriegsverlaufs die Produktion in die Kleinstadt Gmünd in Kärnten verlegt, Versuche, den „Volksschlepper" weiterzubauen, wurden aber während des restlichen Krieges nicht unternommen.

Ein Porsche Junior 4: Der Porsche Junior war der meistverkaufte Porsche-Schlepper. In mehreren Varianten erhältlich, leistete er zwischen 12 PS/9 kW und 15 PS/11 kW. Vom Porsche Junior 4 wurden im Jahr 1958 150 Stück produziert.

Der Porsche Junior wurde in Österreich als Austro Junior von Hofherr & Schrantz vertrieben. Das Getriebe war ein Fahr-Wendegetriebe mit vier Vorwärts- und Rückwärtsgängen, die Leistung des Austro Junior lag bei 14 PS/10 KW.

Nach dem Krieg übernahm der im Kärntner Gmünd tätige Chefkonstrukteur Porsches, Karl Rabe, die Pläne des Volksschleppers, modifizierte diese und konstruierte einen 20-PS/15-kW-Schlepper. Nach umfangreichen Tests wurde der Traktor überarbeitet und als Dieselschlepper 313 neu präsentiert.

1950 übernahm die Firma Allgaier aus Uhingen in Schwaben die Lizenz und präsentierte den Allgaier-Schlepper System Porsche AP 17. Das Porsche-System war für die Firma ein großer Erfolg, bis Mitte der 1950er-Jahre wurden 25 000 Traktoren Allgaier System Porsche gebaut.

1954 wurde die Porsche-Diesel-Motoren-GmbH gegründet. Diese übernahm zwei Jahre später die Schlepperproduktion von Allgaier und baute nun Traktoren unter dem Namen Porsche. Allgaier hatte die Schlepperproduktion aufgrund fallender Nachfrage und anstehender hoher Investitionen aufgegeben.

1962 übernahm Porsche auch die Traktorensparte von MAN. Aufgrund des Rückgangs des Schlepperumsatzes in Deutschland war mit der Übernahme von MAN aber auch das Ende der Porsche-Schlepper eingeläutet. Um die Lagerbestände abzubauen und die Ersatzteillieferung zu gewährleisten, suchte und fand Porsche im französischen Renault-Konzern einen Partner und gründete die Porsche-Diesel-Renault-Vertriebs GmbH, die Einstellung der Traktorenproduktion war aber beschlossene Sache.

1963 verließ der letzte Porsche-Traktor das Werk in Friedrichshafen am Bodensee. In den acht Jahren intensiver Traktorenproduktion wurden insgesamt 120 000 Schlepper hergestellt.

Renault

Der Stolz Frankreichs auf den Feldern

Die Gebrüder Louis, Fernand und Marcel Renault gründeten 1898 das Unternehmen Renault frères, um Fahrzeuge zu bauen und Fahrzeugtechnik zu entwickeln. Der Erfolg stellte sich früh ein, bereits 15 Jahre nach Firmengründung baute Renault mehr als 10 000 Automobile im Jahr. Im Ersten Weltkrieg produzierte die Firma Motoren für gepanzerte Fahrzeuge und Flugzeuge sowie Munition. Nach dem Krieg, im Jahr 1919, stiegen die Gebrüder ins Traktorengeschäft ein. Als Grundsystem des ersten Renault-Traktors diente ein Panzerwagen. Der Traktor mit der Markenbezeichnung GP war denn auch ein Raupenfahrzeug mit einem 4-Zylinder-Benzinmotor und 30 PS/22 kW Leistung. Ein Jahr später wurde eine Reifenversion des GP als Renault HO auf den Markt gebracht. 1933 stellte Renault Frankreichs ersten Dieseltraktor vor.

Während des Zweiten Weltkriegs produzierte Renault für die deutschen Besatzer – nach der Befreiung Frankreichs wurde das Unternehmen deshalb verstaatlicht und Firmenchef Louis Renault wegen Kollaboration verurteilt. Er starb im Gefängnis. 1945 baute Renault ein eigenes Traktorenwerk in Le

Unten und nächste Seite: ein Renault N72, Baujahr 1962. Der N72 war in Blockbauweise gefertigt und leistete 24 PS/18 kW. Der Motor stammte vom deutschen Hersteller MWM und war ein luftgekühlter 2-Zylinder-Viertakter. Das Getriebe hatte 10 Vorwärts- und zwei Rückwärtsgänge und erlaubte Geschwindigkeiten von 0,8 bis 21,3 km/h.

Mans und begann die Traktorenproduktion massiv anzukurbeln. Im Jahr 1956 stellte der französische Traktorbauer seine D-Serie vor, deren Traktoren optional mit wasser- oder luftgekühlten Dieselmotoren angetrieben wurden. 1960 versuchten die Franzosen am deutschen Traktormarkt Fuß zu fassen, allerdings noch ohne Erfolg. Eine Chance tat sich drei Jahre später auf: Porsche beendete seine Traktorenproduktion und verkaufte die Ersatzteilproduktion an Renault. 1967 wurde die Renault Traktoren und Maschinen GmbH für den deutschen Markt gegründet. Doch anscheinend waren die deutschen Bauern nicht so leicht davon zu überzeugen, französische Traktoren auf ihren Feldern zu fahren – vier Jahre nach Gründung der deutschen Vertriebsgesellschaft waren erst 10 000 Renault-Traktoren in Deutschland verkauft.

1985, im Krisenjahr der Firmengeschichte, wurden der Automobil- und der Landwirtschaftssektor bei Renault durch Gründung der Renault Agriculture getrennt. Zwei Jahre nach deren Gründung überzeugten die Franzosen mit völlig neuen, schall- und vibrationsgedämpften Komfortkabinen für ihre Traktoren. In diesem Jahr war auch die Durststrecke bei Renault überwunden und der Konzern schrieb wieder Gewinne.

1994 kooperierte Renault Agriculture mit Massey-Ferguson im Bereich der Komponentenerzeugung, im selben Jahr wurde auch ein Abkommen mit John Deere über Traktoren- und Motorenaustausch getroffen: John Deere lieferte Motoren für die Ceres-Baureihe, dafür belieferte Renault John Deere mit Ceres-Traktoren, die als 3000-Serie ins Programm der amerikanischen Traktorenbauer aufgenommen wurden. Zu Beginn des 21. Jahrhunderts wurde die Atles-Baureihe vorgestellt und dadurch wurden erstmals Renault-Traktoren mit mehr als 250 PS/184 kW produziert. 2003 wurde aber das Ende der orangen Traktoren eingeleitet – Claas erwarb zuerst die Mehrheit an Renault Agriculture und übernahm in weiterer Folge die gesamte Firma. Aus den orangen Traktoren aus Frankreich wurden weiß-grüne Traktoren aus Deutschland, der Markenname Renault verschwand vom Markt.

Steyr

Steyr 280a, Baujahr: ab 1952 (1960), 60 PS/44 kW, 3100 kg, Hubraum: 5322 ccm, Gesamtauflage: 380 Stück.

Als Steyr 1947 den Typ 180 vorstellte, begann eine große Erfolgsgeschichte. Innerhalb von sechs Jahren wurden nicht weniger als 25 000 Traktoren mit dem 2-Zylinder-Dieselmotor gebaut. Legendär war auch der Typ 80 mit einem Gewicht von lediglich 1200 kg und einer Motorstärke von 15 PS/11 kW (daher auch liebevoll „15er“ genannt), der preislich erschwinglich und optimal auf den

Steyr 80a KL I, Baujahr 1955, 15 PS/11 kW, vor allem für Hackfrucht- und Pflegearbeiten geeignet

Steyr 86 S, 18 PS/13 kW Schmalspur, 1000 mm breit, Baujahr 1961 (nur 150 Stück gebaut)

österreichischen Markt mit den zahlreichen landwirtschaftlichen Kleinbetrieben zugeschneidert war. Weitere Meilensteine waren in den 1960er-Jahren der erste Steyr-Ladewagen und als technische Pionierleistung der erste Steyr-Allradtraktor. Es gab praktisch jährlich technische Neuerungen und damit Weiterentwicklungen der einzelnen Traktorenmodelle. Die Firma Steyr ist heute geradezu ein Paradebeispiel dafür, wie man auch auf einem relativ kleinen Markt und mit sehr großer Konkurrenz überleben kann. Es mag auch sehr viel Patriotismus der österreichischen Landwirte dazu beigetragen haben, dass Steyr mit sehr großem Stolz und einer bemerkenswerten Festschrift vor Kurzem das 60-Jahr-Jubiläum feiern konnte. Auf dem

Ein wunderschön restaurierter Steyr 180, Baujahr 1952, 30 PS/22 kW

Oldtimer-Markt ist das Unternehmen heute ebenfalls prächtig vertreten (das dokumentieren die zahlreichen Freunde dieser Marke und ihrer historischen Modelle wie der Steyr-Fanclub). Viele Steyr-Traktoren wachsen ja erst noch in das Oldtimer-Segment hinein …

Steyr 80, 15 PS/11 kW, Baujahr 1952

Valmet

Finnische Traktoren

1926 gründete die junge finnische Republik in Tourula eine staatliche Waffenfabrik, die am Anfang leichte Maschinengewehre und in weiterer Folge Kanonen und Panzerabwehrkanonen produzierte. Während des Zweiten Weltkriegs stieg die Produktion massiv an. Nach Ende des Krieges wurden aus der Waffenfabrik die staatlichen Metallwerke, Valtion Metallitehtaat. Ende der 1940er-Jahre wurde komplett auf zivile Produkte umgestellt, unter dem Kürzel Valmet produzierte man Traktoren für Finnland. Bereits 1949 als Prototyp fertiggestellt, verließ der erste finnische Valmet-Traktor, der Valmet 15, 1952 serienmäßig das Werk in Tourula.

Der Erfolg stellte sich prompt ein: Finnlands Bauern hatten ihre Freude mit den einfachen, robusten und leichten Valmets – innerhalb von drei Jahren wurden 2000 Traktoren verkauft. Aber auch das Ausland zeigte bald Interesse: 1958 verkaufte Valmet 1250 Traktoren nach Brasilien und 350 nach China. Ein weiterer Verkaufserfolg gelang Valmet Anfang der 1960er-Jahre mit dem 361 D. Der 46 PS/34 kW starke Traktor wurde sowohl in Finnland als auch in Brasilien, wo Valmet ein Werk aufgebaut hatte, gebaut und auch in Lizenz in Portugal.

Finnlands erstes staatliches Traktormodell, der Valmet 15, hatte 15 PS/11 kW. Er war mit 780 kg ein sehr leichter und einfach konzipierter Traktor. Das mechanische Getriebe hatte vier Vorwärts- und einen Rückwärtsgang.

Der Valmet 361 D war das Topprodukt von Valmet Anfang der 1960er-Jahre.

Anfang der 1970er-Jahre machte Valmet mit Stille „von sich hören". 1971 kam der Valmet 502 auf den Markt, mit einer schallgedämpften Kabine, die ihn zum weltweit leisesten Traktor machte. Ende der 1970er-Jahre begann Valmet eine enge Kooperation mit Volvo BM, welche Mitte der 1980er-Jahre sogar zum Kauf der landwirtschaftlichen Sparte von Volvo führte. 1994 wurde Valmet mit dem finnischen Sisu-Konzern zusammengeführt, dieser wurde drei Jahre später von der Partek-Gruppe übernommen. 2001, zum 50-Jahr-Jubiläum, wurde Valmet schließlich in Valtra umbenannt.

„Ruhig fährt, wer nichts hört" – der Valmet 502 war zu Beginn der 1970er-Jahre der weltweit leiseste Traktor.

Volvo

Es rollen die Traktoren

„Ich rolle" – nichts anderes heißt Volvo übersetzt; und das Wort stammt nicht aus dem Schwedischen, sondern aus dem Lateinischen. Dennoch ist Volvo durch und durch schwedisch – und auch bei Traktoren mischten die Schweden eifrig mit. 1927 gründeten Assar Gabrielsson und Gustaf Larson die Volvo-Personenwagenfabrik mit dem Ziel, das „schwedische Auto" zu bauen. Schon bald stiegen die beiden schwedischen Autopioniere ins Nutzfahrzeuggeschäft ein, in den Jahren des Zweiten Weltkriegs begann dann die Kooperation mit Bollinder-Munktell im Traktorengeschäft. Diese Kooperation führte 1950 zur Übernahme von BM durch Volvo. In den darauffolgenden Jahren verließen zahlreiche Traktoren das Werk, die – je nach Vertreibungsgebiet – entweder noch BM oder schon Volvo hießen: so zum Beispiel der 55er aus dem Jahr 1953, der entweder als grüner BM 55 oder roter Volvo T 55 zu kaufen war.

1959 brachte BM Volvo den legendären 470 auf den Markt. Dieser Traktor war für größere Landwirtschaften konzipiert und leistete bis zu 70 PS/51 kW. Er erhielt aufgrund seiner Stärke und Robustheit bald den Beinamen Bison.

Der BM 55 oder Volvo T 55 wurde in den Jahren 1953 bis 1959 produziert. Er hatte fünf Vorwärts- und einen Rückwärtsgang, der 4-Zylinder-Motor leistete 57 PS/42 kW.

Volvo 470 „Bison“. Der Bison wurde serienmäßig mit einem Sicherheitskäfig angeboten, welcher auf Wunsch zur Vollkabine ausgebaut werden konnte.

Einer der „Longseller“ unter den Volvo-Traktoren war der BM Volvo 650. Das Modell wurde von 1970 bis 1982 produziert. Insgesamt wurden in diesen 12 Jahren mehr als 26 000 650er-Traktoren gebaut, sowohl für die Landwirtschaft als auch für militärische Belange. Der 650er diente als teilfertiger Bausatz außerdem als Basis für iranische Traktoren.

Der Volvo 650 wog fast 4 t. Sein 4-Zylinder-Motor leistete 80 PS/59 kW, sein Getriebe ermöglichte acht Vorwärts- und zwei Rückwärtsgänge.

Warchalowski

Von Flugmotoren zu Traktoren

Die Geschichte des Unternehmens geht in das Jahr 1858 zurück, als Jakob Warchalowski begann, in einem kleinen Handwerksbetrieb in Wien Maschinen, vor allem aber Verbrennungsmotoren zu bauen. Die Söhne setzten seine Arbeit fort, entwickelten zahlreiche Patente und arbeiteten auch mit der bekannten deutschen Firma Werner & Pfleiderer zusammen. Vor allem im Flugmotorenbau waren die Warchalowskis Pioniere. Im Jahr 1913 gründete August Warchalowski die „Industriewerke Warchalowski, Eissler & Co", welche immerhin 2000 Leute beschäftigten.

Im letzten Kriegsjahr des Zweiten Weltkriegs wurden die Werkshallen von mehreren Bomben getroffen und teilweise zerstört, jedoch von Mitarbeitern wieder aufgebaut. Das Unternehmen beeindruckte durch seine Qualitätserzeugnisse, wobei die Exporte bereits bis nach China, Brasilien oder die USA reichten.

Die Traktorenerzeugung begann im Jahr 1955 mit dem Modell WT 14, welches mit dem hauseigenen, luftgekühlten 2-Zylinder-Dieselmotor bestückt war. Es folgten die Modelle WT 20, WT 25, WT 21, WT 30, WT 33, WT 38, WT 40,

Ein Warchalowski WT 45 mit 45 PS/33 kW aus der einst so umfangreichen Warchalowski-Serie

Ein sehr gut erhaltener Warchalowski in der typischen Firmenfarbe Blau

WT 42, WT 44 und WT 50. Alle diese Traktoren waren als „Tragschlepper" konzipiert, dabei ließen sich auch Zwischenachsgeräte montieren. Die Traktoren waren sehr leicht und daher sehr gut als Pflegetraktoren geeignet. Bis auf den WT 14 besaßen alle Traktoren eine Plastik-Motorhaube und bis auf den WT 30 alle einen unter dem Kupplungsgehäuse eingegossenen Schalldämpfer.

Lange Zeit verwendete man beim hydraulischen Hubwerk eine 4-Punkt-Aufhängung, schließlich wechselte man aber doch zur international üblichen 3-Punkt-Aufhängung. Neben den Standardausführungen gab es mehrere Sonderausführungen, wobei das „A" hinter der Modellbezeichnung für „Allrad" stand, ein „B" für „Berg" oder ein „S" für „Schmalspur". Die Bergtraktoren waren mit kleineren und breiteren Hinterrädern ausgerüstet und hatten weniger Bodenfreiheit, um den Schwerpunkt zu senken. Bei den stärkeren Modellen wurde auf Wunsch oft eine Doppelkupplung angeboten, was den Arbeitsbetrieb sehr vereinfachte. Da es bei den 3- und 4-Zylinder-Modellen immer wieder Probleme mit dem Mittellager der Kurbelwelle gab, führte Warchalowski kostspielige Umbauarbeiten durch, um die Mängel dieser Traktoren zu beheben. Schließlich stieg man ab ca. 1968 auf IHC-Motoren um, die robuster und standfester waren. Damit verlor das Unternehmen jedoch praktisch seine österreichische

Ein Warchalowski WT 14 mit 14 PS/10 kW, Baujahr 1958

Identität, da auch das Getriebe aus dem Ausland (in diesem Fall Deutschland) stammte. Nur Verkleidung, Hydraulikgestänge und angetriebene Vorderachse der Allrad-Modelle wurden noch von Warchalowski produziert. Schließlich stellte das Unternehmen den Traktorenbau ein, da der Betrieb zu klein war und die technischen Investitionen im Hinblick auf die geringen Stückzahlen zu hoch gewesen wären.

Ein als Fiat/New Holland „getarnter" Warchalowski WT 40 mit 40 PS/29 kW, Baujahr 1959

Anhang

Glossar

ABS: Abkürzung für Antiblockiersystem. Verhindert bei zu starkem Bremsen das Blockieren der Räder, sodass das Fahrzeug auch bei einer Vollbremsung auf glatter Straße richtungsstabil und lenkbar bleibt.

Akkumulator: Elektrochemischer Energiespeicher, der oft auch als Batterie bezeichnet wird.

ASM: Antriebs-Steuerungs-Management – vollautomatische Steuerung von Frontantrieb und Differenzialsperren durch Geschwindigkeit, Lenkwinkel, Einzelradbremse und Schlupf. Das ASM kann bei Bedarf zu- und abgeschaltet werden.

Automatikgetriebe: Der Fahrer wählt über einen Vorwahlhebel die gewünschte Fahrstufe, wobei das Hinauf- und Hinunterschalten automatisch erfolgen.

Batterie: Erzeugt auf elektrochemischem Wege eine elektrische Spannung und gibt eine elektrische Leistung ab. Batterien werden auch als Primärzellen bezeichnet.

Bremse: Baugruppe des Fahrwerks eines Fahrzeugmodells, welche die Aufgabe hat, die Geschwindigkeit zu verringern, aufzuheben oder das Fahrzeug im Stillstand zu halten. Nach der Bauart unterscheidet man Trommelbremsen und Scheibenbremsen, wobei Letztere die bessere Bremskraft und Belastbarkeit aufweisen. Eine gesonderte Bremstrommel auf der Hinterachse bietet technische Vorteile, da sie über eine größere Kühlfläche verfügt und nicht die durch die Kupplungsvorgänge entstehende Reibungswärme aufnimmt.

Bremsflüssigkeit: Druckübertragungsmittel für Bremsen, das nicht korrodierend wirkt und den Gummi nicht angreift.

CAN-Bus (= Controller Area Network): System für die Vernetzung von Steuergeräten in Fahrzeugen.

Comfortip: Bedienfunktion, bei der bis zu 16 verschiedene Bedienungen nacheinander in der Reihenfolge des Anfalls abgespeichert und beliebig oft abgerufen werden können. Die aktuelle Funktion und die nächsten vier werden im Display im Armaturenbrett angezeigt.

Common-Rail-Einspritzung: Auch „Speichereinspritzung" genannt, ist ein Einspritzsystem für Verbrennungsmotoren, bei denen eine Hochdruckpumpe den Kraftstoff auf ein hohes Druckniveau bringt. Dieser Kraftstoff füllt dann ein Rohrleitungssystem, das bei Motorbetrieb ständig unter Druck steht.

Dampfkraftfahrzeug: Kraftfahrzeug mit Dampfantrieb. Vorteil: Dampfmaschinen weisen bei sinkender Drehzahl ein steigendes Drehmoment auf.

Dieselmotor: Häufig gebrauchte, nicht ganz exakte Bezeichnung für Selbstzündermotor. Im Gegensatz zum Ottomotor wird nur atmosphärische Luft in den Zylinder gesaugt und dort verdichtet. Durch eine Verdichtungstemperatur von 500 bis 700 °C (Zündpunkt des Dieselkraftstoffs etwa bei 350 °C) erfolgt die Selbstzündung. Die Leistung des Motors wird durch die Kraftstoffeinspritzmenge (Einspritzpumpe) reguliert.

Digital: Abgeleitet vom englischen Wort „digit" für Ziffer oder Stelle (innerhalb einer Zahl). Digitalisierte Informationen werden numerisch durch Zahlen dargestellt.

EHR: Bei der EHR handelt es sich um die einzige vollelektronische Hubwerksregelung mit elektrisch steuerbaren Zusatzsteuergeräten, welche sowohl den Kraftstoffverbrauch bis zu 20 % senkt als auch eine zeitsparende Fahrweise erlaubt.

EMC: Elektronische Motor-Kontrolle – eine komfortable und einfache Steuerung des Motors, die leistungsgerecht für jeden Arbeitsbereich wirtschaftlich und effizient ist und eine optimale Kraftstoffdosierung garantiert.

Ergonomie: Erforschung der Eigenarten und Fähigkeiten des arbeitenden Menschen, um vor allem Arbeitsplätze und Arbeitsmittel sowie die Verhältnisse und Bedingungen am Arbeitsplatz menschengerecht zu gestalten.

Fahrwerk: Die Gesamtheit aller Bauteile, welche die kraftschlüssige Bewegung am Boden ermöglichen. Dazu zählen Räder und Reifen, Radaufhängung, Bremsen, Federung und Lenkung.

Fahrzeugbreite: Breite des Fahrzeugs über alles (Radnaben, Kotflügel usw.).

Fahrzeughöhe: Höhe des unbelasteten Fahrzeugs über alles. Dabei müssen die Reifen den der Tragfähigkeit entsprechenden Luftdruck aufweisen.

Fahrzeuglänge: Gesamtlänge des Fahrzeugs einschließlich Stoßfänger usw.

Flat-Pack-Verpackung: Aus dem Englischen flat pack = flache Verpackung. Rechteckige, extrem flache Verpackung, in der beispielsweise die Jinma-Traktoren geliefert werden.

Geländegängigkeit: Eigenschaft eines Fahrzeugmodells, schwierige Geländeabschnitte zu überwinden.

Getriebe: Vorrichtung zur Umwandlung von Drehmomenten und zum Verändern der Drehrichtung (Drehmomentwandler). Otto- und Dieselmotoren haben unterschiedliche Charakteristiken. Während der Ottomotor mit steigender Drehzahl fallende Drehmomente aufweist, ist bei Dieselmotoren das Drehmoment fast konstant.

Hightech: Modebegriff aus dem Englischen, der für „Hochtechnologie" steht und einen hohen Forschungs- und Entwicklungsaufwand erfordert. Die modernen Traktoren sind großteils Hightech-Maschinen.

Hinterradantrieb: Antriebsform, bei der die Antriebskraft von den Hinterrädern des Fahrzeugs auf die Fahrbahn übertragen wird.

Höchstgeschwindigkeit: Maximal mögliche Geschwindigkeit, die ein Fahrzeug erreichen kann. Nach dem Betrieb mit Höchstgeschwindigkeit muss das Fahrzeug mit Dauergeschwindigkeit einwandfrei weiterbetrieben werden können.

Hubraum oder Hubvolumen: Bezeichnet das Volumen, das bei einem Motor durch den Hub aller Kolben insgesamt verdrängt wird. Wird zumeist in ccm angegeben.

Hydraulik: Technische Geräte und Anlagen, welche mit speziellen Hydraulikflüssigkeiten befüllt werden und zur Übertragung von Kräften dienen.

Intercooler: Auch Ladeluftkühler, ist ein Wärmeüberträger, der im Ansaugtrakt die Temperatur der dem Motor zugeführten Luft verringert, wodurch Leistung und Wirkungsgrad erhöht werden können.

Klimaanlage: Anlage zur Aufrechterhaltung geforderter Raumluftzustände. Auch im Schlepperbau heute bereits Standard.

Kolbenhub: Abstand zwischen den beiden Totpunkten eines Kolbens.

Kriechgang: Extrem niedrige Untersetzung eines Getriebes bei Fahrzeugen, dient zum Langsamfahren ohne schleifende Kupplung meist in unwegsamem Gelände.

Kupplung: Dient dazu, Fahrzeuge, Leitungen und Maschinenteile lösbar miteinander zu verbinden.

Kupplungsautomatik: Einrichtung zur automatischen Betätigung (pneumatisch, hydraulisch oder elektromagnetisch) der zwischen Motor und Getriebe angebrachten Kupplung.

LED: Englische Abkürzung für „light emitting diode", lichtaussendende Diode. Bauelement, das bei Stromfluss Licht aussendet.

Lenkradschaltung: Getriebe-Schalthebel, der an der Lenksäule in für den Fahrer bequemer Grifflage angeordnet ist.

Motoraufhängung: Lagerung des Motors im Fahrgestell. Wichtig zum Abfangen von Schwingungen und Geräuschen.

Motordrehzahl: Anzahl der Umdrehungen der Kurbelwelle in der Zeiteinheit.

Multicontroller: Steuergerät, mit dem sich zahlreiche Funktionen wie Heben und Senken des Hubwerks sowie Vorwärts- und Rückwärtsfahrt auf engstem Raum durch Tastknöpfe betätigen lassen.

Navigationsgerät: Immer beliebter werdendes technisches Hilfsgerät, welches dazu dient, um Land-, Wasser-, Luft- und Raumfahrzeuge an vorbestimmte Ziele zu führen.

Nutzleistung: Vom Motor nach außen hin abgegebene Leistung an der Schwungscheibe, auch effektive Leistung genannt.

Oldtimer: Allgemeine Bezeichnung für Modelle von Fahr- und Flugzeugen aus der Zeit vor 1920. Heute ist der Begriff zeitmäßig weiter gefasst.

Panoramascheibe: Hochgezogene und schräg gestellte Windschutzscheibe, welche geschwungen in das Dach übergeht und eine erweiterte Sicht nach allen Seiten und nach oben ermöglicht.

Powercom S: Eine Multifunktionsarmlehne für Lastschaltgetriebe, welche Fahrtrichtungswahl, Lastschaltung, Heck-Hubwerksbedienung u. v. m. bedienen lässt.

Powercom V: Eine multifunktionale Steuerzentrale der Firma Deutz-Fahr, welche zahlreiche Arbeitsabläufe auf kleinstem Raum regeln lässt.

Powershift: Jeder Gang kann in drei bis vier Lastschaltstufen (je nach Traktormodell und Getriebe) untersetzt werden, die durch

Knopfdruck und/oder durch einen Hebel an der Multifunktionsarmlehne bedient und geschaltet werden können.

Powershuttle: Mit dem Powershuttle kann ohne Betätigung der Kupplung aus dem Stand angefahren und die Fahrtrichtung gewechselt werden. Der Hebel befindet sich griffgünstig links am Lenkrad. Mit dem Powershuttle-Hebel kann in jedem Gang und bei jeder Lastschaltstufe die Fahrtrichtung sanft gewechselt werden.

Powerstop: Bremshilfe mit hydraulisch gesteuerten Ventilen.

PS: Die Pferdestärke (engl. horsepower/ hp) ist eine veraltete Einheit der Leistung, die sich bei Fahrzeugen bis heute gehalten hat. Dennoch darf in der Automobilwerbung PS nur noch als Zusatzangabe zu kW aufgeführt werden. Ein Kilowatt entspricht 1,3596216 PS und eine Pferdestärke entspricht 0,73549875 kW. Grobe Umrechnungsformel: 1 PS entspricht ca. 0,75 kW.

Radaufhängung: Art der Führung und Verbindung der Räder eines Modells mit dem Rahmen oder der Bodenplatte.

Radstand: Abstand zwischen den Radmitten der Vorder- und Hinterräder eines Traktors. Bei drei- und mehrachsigen Fahrzeugen werden die einzelnen Radstände von vorn nach hinten nacheinander angegeben.

Rahmen: Jener Teil des Fahrwerks, welches die einzelnen Baugruppen aufnimmt und die Gesamtmasse auf Achsen und Räder verteilt.

RME: Raps-Methyl-Esther – auch Biodiesel genannt, Kraftstoff für Dieselmotoren mit spezieller Freigabe. RME ist nicht zu verwechseln mit kaltgepresstem Pflanzenöl, welches bei umgerüsteten Motoren ebenfalls als Kraftstoff verwendbar ist.

Schalensitz: Sitzform bei Kraftwagen, bei der Sitzpolster, Rückenlehne und Kopfstütze eine schalenförmige Einheit bilden.

Stop&Drive: Anhalten und Anfahren ohne Bremsen oder Kuppeln. Bei der automatischen Fahrstrategie verzögert der Traktor bei Entlasten des Gaspedals bis zum absoluten Stillstand und fährt beim ersten Gasgeben wieder langsam an.

Stoßdämpfer: Bauelement, welches die Schwingungsenergie des Fahrzeugs aufnimmt und in Wärmeenergie umformt (dämpft).

Turbolader: Umgangssprachlich auch Turbo, dient der Leistungssteigerung von Kolbenmotoren durch Erhöhung des Gemischdurchsatzes pro Arbeitstakt, was durch einen Verdichter im Ansaugtrakt erreicht wird. Der Antrieb des Verdichters erfolgt durch die Energie der Abgase, sodass im Unterschied zu mechanischen Ladern keine Motorleistung für den Antrieb des Verdichters verloren geht. Turbolader können entweder den Druck (Stauaufladung) oder die Bewegungsenergie der Abgase (Stoßaufladung) als Energiequelle nutzen.

Verbrennungsmotor: Motor, der mechanische Energie durch Verbrennung eines Kraftstoff-Luft-Gemisches erzeugt.

Vergaser: Mechanische Einrichtung, welche die Brennkammern der Zylinder mit einem Luft-Kraftstoff-Gemisch versorgt.

Zündung: Bei Ottomotoren Batterie- oder Magnetzündung zur Entflammung des Kraftstoff-Luft-Gemisches. Dieselmotoren verdichten so hoch, dass sich der eingespritzte Kraftstoff selbst entzündet, Glühkopfmotoren haben eine Glühschale.

Zapfwelle: Von einem Motor angetriebener Wellenstummel (= Welle), über den ein Drehmoment zum Antrieb einer Arbeitsmaschine übertragen wird. Vorteilhaft ist, dass an einund dieselbe Zapfwelle verschiedene Geräte angekoppelt werden können, was vor allem bei Traktoren vielfältig genutzt wird.

Zylinderzahl: Anzahl der Arbeitszylinder eines Verbrennungsmotors. Gehören mehrere Arbeitszylinder zu einem Verbrennungsraum (Doppelkolbenmotor), zählen sie als ein Arbeitszylinder. Enthält ein Arbeitszylinder mehrere Verbrennungsräume, zählt er als ein Arbeitszylinder.

Register

Verzeichnis der im Buch vorgestellten Traktormodelle

Bautz
AS 120 R 164 f.

Bollinder-Munktell
GBMV-1 167
Munktell 20-24 167
Munktell 30-40 166
T 55 212

Case
CS Pro 100 30
CVX 175 29
CVX 195 32
JX 80 28, 30
Maxxum X 125 31
Maxxum 140 31
Puma 210 32
STX 435 33
STX 535 Quadtrac 33

Challenger
MT 465B 37
MT 665B 37
MT 765B 38
MT 865B 34
MT 875B 38
MT 975B 36
RoGator 1074 35

Claas
Ares 577ATZ 41
Arion 460 44
Arion 610 42
Arion 630c 42
Axion 850 45
Axion 950 45
Herkules 40
Nectis 227VE 41
Xerion 3800 43
Xerion S-Trac 43

Deutz-Fahr
F1M414 46, 168
Agrofarm 49
Agrolux 51
Agroplus F 50
Agroplus S 52
Agrotron K 53
Agrotron M 54
Agrotron TTV 55
Agrotron X 56
D15 169
D 30 S2 169
D 40 170
D 55 170

Ecopard
Eco 1 57
Eco 4.xx 59

Fahr
D 130a 171

Fendt
208 S 63
300 Ci 63
309 C Vario 64
415 Vario 64
712 Vario 65
820 Vario 65
Dieselross 61, 172
F 40 173
Favorit 622 62
Favorit 936 60, 66
Xylon 62

Farmall 117

Ferguson
Ferguson Black 108
TE 20 109

Fiat
Kettentraktor 601 174
25 R 175
211 R 175
215 N 176
342 R 177
500 DT Spezial 176
540 Spezial 177

Fordson
Major 179
Super-4 178
Super Dexta 180

Güldner
Diesel Junior 181

Hanomag
Brillant 600 182
Perfekt 300 183
Hela 184

Hofherr & Schrantz

A 111 186
122 187
A 140 187

Hürlimann

D 70 SSP 188
Prince 69
XB Max 69
XE 70
XL 130 71
XL 130.180.7 67
XM 120 71
XS 72
XT 115 68, 72

Jess 189

Jinma

JM-254 75

John Deere

5215 79
5615 80
5620 81
5820 81
6630 82
6930 82
7430 83
7930 76
8430 84
8530 85
9420 85
9520 86

Kramer

KA 15 190

Kubota

M 108 89
M 128X 91
M 7040 90
M 9540 87, 90
M 9540 low profile 89

Lamborghini

653 93
R1 92, 94
R2 94
R3 95

Landini

Alpine 65 99
L25 97, 191
Landpower 185 102
Mistral 50 99
Powerfarm 105 101
Powerlift 101
Powermaster 220 102
Powermax 160 96
Rex 80 S 98
Trekker 60f compact 98
Trekker 105 STD 100
Vision 105 100

Lanz

Bulldog D 1506 193 f.

Lindner

Geotrac 73 106
Geotrac 93 106
Geotrac 103 103, 105
Geotrac 124 105
Allrad, Typ J 2055 195
L 17 A 196
SD 21 196

MAN

Ackerdiesel 197

Massey-Ferguson

35 199
65 200
135 200
420 110
2415 110
3435 CF Crawler 109
3635 V 111
4455 111
5480 112
5713 SL 115
6495 112
7480 107
7495 113
7726 114
8480 113

Massey-Harris 198

McCormick

CX 75L 118
C Max 85 118
CX 105 119
F 95 119
MC 135 Power 6 120
MTX 150 121
T 100 120
Teletrac 117
TTX 230 116
XTX 121

New Holland

110-90 124
New Holland 100 (Fiatagri 100) 123

T 3030 125
T 6050 Delta 127
T 6060 Elite 127
T 6070 Plus 128
T 7550 129
T 8030 129
T 9060 130
TD 95 D 126
TL 100 122
TL 100 A 126
TM 155 128
TN 95N 125

Normag
NG 22 201 f.

Porsche
Porsche Junior 4 203
Austro Junior 204

Renault
N 72 R7052 205 f.

SAME
DA25 131
Argon Classic 70 133
Diamond 133
Explorer3 132, 134
Iron 120 135
Iron Continuo 135
Solaris 136
Tiger 137

Steyr
80 209
80a 207
86 S 208
180 138, 209
280a 207
9000 MT 141
CVT 140, 142
Forst 142
Kommunal 143
Kompakt 144
Plus 139
Profi 145

Valmet
15 210
20 147
33D 147
361D 211
502 211

Valtra
700 150
3500 149
A 92 149
BH 165 150
N92 146, 151
T 191 152
S-Serie 152

Volvo
470 Bison 213
BM 55 212
BM 650 und 700 148, 211

Warchalowski
WT 14 216
WT 40 216
WT 45 214

Zetor
Forterra 153, 157
Proxima 154, 155
Proxima Eko 156
Proxima Plus 155

Industriestraße 19
64407 Fränkisch-Crumbach 2016
www.neuer-kaiser-verlag.de

ISBN 978-3-8468-0021-8

Text: Wolfgang Unterlercher und Maximilian Fritz
Layout, Satz und Umschlaggestaltung:
design cat GmbH

Der Verlag und die Autoren bedanken sich ganz besonders bei Herrn Josef Peketz und Herrn Reinhold Starc für ihre freundliche Mithilfe, ohne die dieses Buch nicht hätte publiziert werden können.

Bildnachweis:
Wir danken folgenden Firmen und Personen für die Bereitstellung des Fotomaterials:

Case: CASE IH Agriculture, St. Valentin/Österreich (Conquest Werbeagentur GesmbH, Leonding/Österreich) 22, 28–33
Challenger: AGCO GmbH, Marktoberdorf 22, 34–38
Claas: Claas KGaA mbH, Harsewinkel 39–45
Deutz Fahr: Same Deutz Fahr Deutschland GmbH, Lauingen (Trio Business Communications GmbH, Köln) 14, 46–56, 168f.
Ecopard: ECO Systems GmbH, Mauerbach 57–59
Fendt: AGCO GmbH, Marktoberdorf Cover Back, 10, 25, 60–66, 172
Maximilian Fritz 192, 215
Stefan Höffernig 13
Hürlimann: Same Deutz Fahr Deutschland GmbH, Lauingen (Trio Business Communications GmbH, Köln) 67–72
Jinma: Die Car-Agentur, Mauerbach 74–75
John Deere: Deere & Company European Office, Mannheim Cover Back, 76–86
Kubota: Kubota Deutschland GmbH, Rodgau/Nieder-Roden 87–91
Lamborghini: Same Deutz Fahr Deutschland GmbH, Lauingen (Trio Business Communications GmbH, Köln) 92–95
Landini: ARGO GmbH, Nürnberg 96–102
Lindner: Lindner Traktorenwerke GesmbH, Kundl/Österreich 103–106
Massey-Ferguson: AGCO GmbH, Marktoberdorf 19, Cover Front, 107–115, 198–200
McCormick: ARGO GmbH, Nürnberg 116–121
New Holland: CNH Deutschland GmbH, Heilbronn 122–130
Josef Peketz 160–165, 169–171, 173, 175–197, 199, 201–209, 214, 216
Same: Same Deutz Fahr Deutschland GmbH, Lauingen (Trio Business Communications GmbH, Köln) 17, 131–137
Steyr: CNH Österreich GesmbH, St. Valentin/Österreich (Conquest Werbeagentur GesmbH, Leonding/Österreich) 18, 138–145
Wolfgang Unterlercher 174
Valtra: VALTRA GesmbH, Spittal/Österreich 16, 21, 146–152, 156, 166f., 210–213
Zetor: Zetor Deutschland GmbH, Furth am Wald (Adverma Advertising & Marketing GmbH, Rohrbach) 153–157
Shutterstock: bkp 158/Elena Elisseeva 27/smereka 217/oticki 2–3/Sunny Forest Cover Back